新农村建设丛书

蔬菜病虫害防治技术

薛 争 张振铎 白洪玉 编著

吉林出版集团股份有限公司

吉林科学技术出版社

图书在版编目（CIP）数据

蔬菜病虫害防治技术 / 薛争等编．
一长春：吉林出版集团股份有限公司，2007.12（2025.1 重印）
（新农村建设丛书）
ISBN 978-7-80762-144-7

Ⅰ．蔬…　Ⅱ．薛…　Ⅲ．蔬菜 - 病害 - 防治　Ⅳ．S643.5

中国版本图书馆 CIP 数据核字（2007）第 188839 号

蔬菜病虫害防治技术
SHUCAI BINGCHONGHAI FANGZHI JISHU

编　著	薛　争　张振铎　白洪玉
责任编辑	李婷婷
开　本	850mm×1168mm　1/32
字　数	110 千
印　张	4
版　次	2007 年 12 月第 1 版
印　次	2025 年 1 月第 17 次印刷
印　刷	三河市元兴印务有限公司

出　版	吉林出版集团股份有限公司
	吉林科学技术出版社
发　行	吉林出版集团股份有限公司
社　址	吉林省长春市福祉大路 5788 号
邮　编	130000
电　话	0431-81629968
电子邮箱	11915286@qq.com
书　号	ISBN 978-7-80762-144-7
定　价	24.00 元

AI实践导师
7*24小时在线 带你学习实用知识

在线阅读
AI电子书 随时随地查阅

技术讲解
视频在线看 轻松掌握技巧

惠农指南
政策细解读 助力高效发展

"码"上开启 致富之路 ——

长本事 换脑筋
多挣钱 少吃亏

出版说明

　　《新农村建设丛书》是一套针对"农家书屋""阳光工程""春风工程"专门编写的丛书，是吉林出版集团组织多家科研院所及千余位农业专家和涉农学科学者倾力打造的精品工程。

　　丛书内容编写突出科学性、实用性和通俗性，开本、装帧、定价强调适合农村特点，做到让农民买得起，看得懂，用得上。希望本书能够成为一套社会主义新农村建设的指导用书，成为一套指导农民增产增收、提高自身文化素质、更新观念的学习资料，成为农民的良师益友。

目　录

第一章　蔬菜常见虫害

一、小地老虎

鳞翅目夜蛾科。别名截虫、切根虫。分布于全国各地。

1. 寄主　各种蔬菜及农作物幼苗。

2. 为害特点　幼虫共6龄，3龄前在地面、杂草或寄主幼嫩部位取食，为害不大；3龄后昼间潜伏在1.6厘米左右的表土中，夜间出来为害，咬断幼苗，并连茎带叶，拖入穴中。老熟幼虫有假死习性，受惊缩成环形。老熟幼虫大都迁移到田埂、田边、杂草根旁较干燥的6～9厘米土中筑土室化蛹。

3. 形态特征　成虫体长16～23毫米，翅展42～54毫米，深褐色，具有显著的肾状斑、环形纹、棒状纹和2个黑色剑状纹；后翅灰色无斑纹。卵长0.5毫米，半球形，表面具纵横隆纹，初产乳白色，后出现红色斑纹，孵化前灰黑色。幼虫体长37～47毫米，灰黑色，体表布满大小不等的颗粒。蛹长18～23毫米，赤褐色，有光泽。

4. 生活习性　1年发生1～7代。小地老虎成虫白天隐蔽，夜间活动、交配产卵。卵产在5厘米以下矮小杂草上，尤其在贴近地面的叶背或嫩茎上，如小旋花、小蓟、藜、猪毛菜等，卵散产或成堆产，每雌平均产卵800～1000粒。成虫活动受气候条件影响很大，温度10℃～16℃时活动最盛，夜间微风或阴雨天活动最强。成虫对黑光灯及糖醋酒等趋性较强。小地老虎喜温暖及潮湿的条件，土质疏松、团粒结构好、保水性强的壤土、黏壤土、沙壤土均适于小地老虎的发生。早春菜田及周缘杂草多，可提供产卵场所；蜜源植物多，可形成较大的虫源，发生严重。

5. 防治方法

（1）预测预报　如定苗前每平方米有幼虫 0.5～1 头，或定苗后每平方米有幼虫 0.1～0.3 头（或百株蔬菜幼苗上有虫 1～2 头），即应防治。

（2）农业防治　早春清除菜田及周围杂草并销毁，防止地老虎成虫产卵是关键一环；如已产卵，并发现 1～2 龄幼虫，则应先喷药后除草，以免个别幼虫入土隐蔽。

（3）诱杀防治　一是黑光灯诱杀成虫。二是糖醋液诱杀成虫：糖 6 份、醋 3 份、白酒 1 份、水 10 份、90％敌百虫 1 份调匀，在成虫发生期设置，均有诱杀效果。某些发酵变酸的食物，如甘薯、胡萝卜、烂水果等加入适量药剂，也可诱杀成虫。三是堆草诱杀幼虫：在菜苗定植前，灰菜、刺儿菜、苦荬菜、小旋花、苜蓿、艾蒿、青蒿等杂草堆放诱集地老虎幼虫，或人工捕捉，或拌入药剂毒杀。

（4）化学防治　小地老虎 1～3 龄幼虫期抗药性差，且暴露在寄主植物或地面上，是药剂防治的适期。用 20％氰戊菊酯 3000 倍液或 48％乐斯本乳油 1000～1500 倍液喷湿土表。

二、蝼蛄

直翅目蝼蛄科。别名拉拉蛄、地拉蛄。已知有 4 种，分布于全国各地。

为害吉林省农作物的主要的是非洲蝼蛄和少量的华北蝼蛄。下面介绍以非洲蝼蛄为例。

1. 寄主　蔬菜及各类作物播下的种子和幼苗。

2. 为害特点　成虫、若虫均在土中活动，取食播下的种子、幼芽或将幼苗咬断致死，受害的根部呈乱麻状。由于蝼蛄的活动使表土层形成许多隧道，使苗根脱离土壤，致使菜苗因失水而枯死，严重时造成缺苗断垄。

3. 形态特征　成虫体长 30～35 毫米，灰褐色，腹部色较浅，全身密布细毛。头圆锥形，触角丝状。前翅灰褐色，较短，后翅扇形，较长，超过腹部末端。尾部有 1 对尾须。前足为开掘足，后足胫节背面内侧有等距离排列的刺 3～4 个。卵椭圆形，初产时黄白色，有光泽，后变黄褐色，孵化前呈暗褐色。若虫体黑色，除一龄若虫外，体具细毛，2～3 龄后足同成虫。

4. 生活习性　在北方地区 2 年发生 1 代，以成虫或若虫在地下越冬。清明后上升到地表活动，在洞口可顶起一小虚土堆。蝼蛄昼伏夜出，以夜间 8～11 时活动最盛，特别在气温高、湿度大、闷热的夜晚，大量出土活动。早春或晚秋因气候凉爽，仅在表土层活动，不到地面上，在炎热的中午常潜至深土层。蝼蛄具趋光性，并对香甜物质具有强烈趋性。成虫、若虫均喜松软潮湿的壤土或沙壤土，20 厘米土温为 15.2℃～19.9℃时对蝼蛄最适宜，温度过高或过低时，则潜入深层土中。

5. 防治方法　可采用施撒毒饵的方法防治：先将饵料（秕谷、麦麸、豆饼、棉子饼或玉米碎粒）5 千克炒香，而后用 90％敌百虫 30 倍液 0.15 千克拌匀，适量加水，拌潮为度，每 667 平方米施用 1.5～2.5 千克，在无风闷热的傍晚施撒效果最佳。灯光诱杀，设黑光灯诱杀成虫。

三、蛴螬

鞘翅目，金龟甲总科幼虫的总称。蛴螬的种类很多，为害蔬菜及其他作物的主要是东北大黑鳃金龟、铜绿丽金龟。下面介绍以东北大黑鳃金龟为例。

1. 寄主　双子叶和单子叶粮食作物、多种蔬菜、油料作物、芋、棉、牧草、花卉、水果、林木等播下的种子及幼苗。

2. 为害特点　幼虫终生栖居土中，喜食刚刚播下的种子、根、块根、块茎、幼苗等，造成缺苗断垄。成虫则喜食果树、林木的叶和花器。

3. 形态特征　成虫体长 16～22 毫米，复眼发达。蛴螬体肥大、弯曲近"C"字形，多白色，有的黄白色。体壁较柔软，多皱。体表疏生细毛。头大而圆，多为黄褐色或红褐色，生有左右对称的刚毛。胸足 3 对，一般后足较长。腹部 10 节。

4. 生活习性　发生代数因种、因地而异。一般 1 年发生 1 代，或 2～3 年发生 1 代，长者 5～6 年发生 1 代。如大黑鳃金龟 2 年发生 1 代，以成虫或幼虫在土中 20～40 厘米深处越冬。蛴螬共 3 龄。1 龄、2 龄期较短，第 3 龄期最长，随着气温升高而爬到 10 厘米以上的表土层，为害作物根部。东北大黑金龟有隔年严重为害作物的特点，这种现象被称为"大小年"（为害严重为大年，为害轻为小年）。成虫喜食大豆、花生、甘薯等叶片，并在这些作物田里产卵，下茬作物受害严重。

5. 防治方法

（1）农业防治　秋翻地可把越冬的成虫、幼虫翻至地表，使其被冻死或被天敌捕食，减少虫源。

（2）施肥　避免施用未腐熟的有机肥，合理控制灌溉，或及时灌溉，促使蛴螬向土层深处转移，避开幼苗最易受害时期。

（3）药剂处理土壤　用 48％乐斯本乳油 1500 倍液浇灌植株根部，每 667 平方米用药液 300 升。或用 50％辛硫磷乳油，每 667 平方米 200～250 克，加水 10 倍，喷于 25～30 千克细土上拌匀成毒土，顺垄条施，随即浅锄，或以同样用量的毒土撒于种沟或地面，随即耕翻，或混入厩肥中施用，或结合灌水施入。或用 5％辛硫磷颗粒剂，每 667 平方米用 2.5～3 千克处理土壤，都能收到良好效果，并兼治金针虫和蝼蛄。

（4）药剂处理种子　当前用于拌种用的药剂主要有 50％辛硫磷，药剂∶水∶种子＝1∶（30～40）∶（400～500）；也可用 25％辛硫磷胶囊剂等有机磷药剂。

（5）毒谷　每 667 平方米用 25％辛硫磷胶囊剂 150～200 克拌谷子等饵料 5 千克左右，或 50％辛硫磷乳油 50～100 克拌饵料 3～4 千克，撒于种沟中，兼治蝼蛄、金针虫等地下害虫。

四、金针虫

鞘翅目，叩头虫科幼虫的总称。别名沟叩头虫、沟叩头甲、土蚰蜒、芨芨虫、钢丝虫。吉林省在局部地区发生。为害严重的有细胸金针虫和沟金针虫两种，其中以细胸金针虫为主。

1. 寄主　各种农作物、果树、蔬菜等。

2. 为害特点　幼虫在土中取食播种下的种子、萌出的幼芽、农作物和菜苗的根部，致使作物枯萎致死，造成缺苗断垄，甚至全田毁种。

3. 形态特征　沟金针虫老熟幼虫体长 20～30 毫米，细长、筒形、略扁，体壁坚硬而光滑，具黄色细毛，尤以两侧较密。体黄色，前头和口器暗褐色，头扁平，尾端分叉，并稍向上弯曲。细胸金针虫老熟幼虫体长约 32 毫米，细长、筒形、略扁，淡黄色，光亮，头部扁平，口器暗褐色。

4. 生活习性

（1）沟金针虫　每 3 年发生 1 代，以幼虫和成虫在土中越冬。白天潜伏于表土内，夜间出土交配产卵。雌虫无飞翔能力，行动迟缓有假死性；雄成虫善飞，有趋光性。土壤温湿度对其影响较大，一般 10 厘米处土温达 6℃时，开始活动。

（2）细胸金针虫　多每 2 年完成 1 代，也有 1 年或 3～4 年完成 1 代的。以成虫和幼虫在土中 20～40 厘米处越冬，成虫期较长，有世代重叠现象。羽化的成虫在土中潜伏越冬。成虫昼伏夜出，有假死性，对腐烂植物的气味有趋性，常群集在腐烂、发酵气味较浓的烂草堆和土块下。幼虫耐低温而不耐高温，不耐干燥，适于偏碱性潮湿的土壤，在春雨多的年份发生重。

5. 防治方法　参见蛴螬。当每平方米沟金针虫数量达 1.5 头时，即应采取防治措施。

五、地蛆

双翅目花蝇科。别名：根蛆、粪蛆，是花蝇类的幼虫。我国常见的地蛆有 4 种：种蝇、葱蝇、萝卜蝇、小萝卜蝇。地蛆列为蔬菜的地下害虫之一。

1. 为害特点　种蝇是多食性害虫，可为害葫芦科、豆科、十字花科、百合科蔬菜，主要以幼虫为害播种后的种子和幼芽，使种子不发芽，幼茎死亡。葱蝇为寡食性害虫，只为害百合科蔬菜，其中以洋葱和大蒜受害重。萝卜蝇和小萝卜蝇仅为害十字花科蔬菜，以白菜和小萝卜受害最重。萝卜蝇只为害秋菜。

2. 形态特征

（1）成虫　形似家蝇，雄虫略瘦小，体长 7 毫米左右，翅展 14 毫米，体暗褐色，雌虫体粗壮，全体黄褐色，胸、腹背面均无斑纹，翅暗黄色，静止时两翅顺长放在腹部背面。雌蝇两复眼间距大，雄虫两复眼间距离小，两眼几乎相接触。

（2）卵　大约长 1.3 毫米，长椭圆形，乳白色。

（3）幼虫　乳白色，头端细，尾端粗。

（4）蛹　长约 7 毫米，椭圆形，红褐或黄褐色，尾端可见 6 对突起。

3. 生活习性　萝卜蝇在各地每年都发生 1 代，以蛹在土中越冬，休眠期 10 个月左右。第 2 年 8 月中下旬为发生盛期。成虫在每天早晚或阴天出来活动，中午阳光强时隐伏在白菜株阴处不动。秋季气候温暖湿润，发生严重。成虫出土后，经 7 天左右，就在白菜株外围第 1 层、第 2 层叶腋间和基部周围表土或表土缝中产卵，卵经过 4～7 天孵化为幼虫，幼虫期约 30 天。幼虫先窜食白菜根邻近的叶柄基部及周围的菜帮，然后蛀食菜根，呈弯曲的虫道或孔洞。葱蝇一年发生数代，以蛹在土中越冬。第 2 年 5 月出现成虫，在蒜根、蒜叶基部周围的土缝里产卵，卵期为 3～8 天。幼虫孵化后即蛀食大蒜、葱、韭菜、洋葱等的鳞茎，蛀食成孔道，引起腐烂，叶片枯萎，严重时整株枯萎。

4. 防治方法

（1）防治成虫　当雌虫和雄虫之比接近 1∶1 或成虫量突然增加时，为防治成虫适期。

①根据萝卜蝇具有舐吸糖醋液的特性进行诱杀。用糖 0.5 千克、醋 1 千克、水 7.5 千克，再加 20 克敌百虫粉剂，制成混合液，在田间每隔 8～10 米远挖一个碗大的坑，按坑的大小放入一个塑料袋，倒入混合液 100 克，每隔 10 天左右添一次混合液；

②发现成虫量突然增加时，可用 90％晶体敌百虫 800～1000倍液，或用 80％敌敌畏乳油 1000 倍液，每隔 7 天喷洒 1 次，连喷 2～3 次。

（2）防治幼虫　成虫盛期后 10 天左右为产卵盛期，或当田间卵株率达 10％时，即为防治幼虫适期。

①播种前施入充分发酵腐熟的有机肥，并要做到深施、施匀，与种子隔离好。

②在播种时，每墩随种子撒下 4～5 粒粗盐，可防止生蛆。

③用细沙或过筛子的细炉灰渣 15～20 千克，拌 2.5％敌百虫粉剂 0.5 千克，拌匀后撒到白菜根的四周。

④追施氨水也可防止地蛆的发生。在白菜定植后 30 天左右，用氨水 1 升，加清水 1 千克，搅拌均匀后进行灌根，每 6 灌入150～200 克。或者结合秋白菜灌水，将氨水慢慢倒入流水中进行沟灌。

⑤当秋白菜发生地蛆为害时，可用 48％乐斯本乳油每 667 平方米用 200 毫升对水 1000 升灌根；或每 667 平方米用 400～500毫升随灌溉水施入。也可用 50％的辛硫磷乳油 2000 倍液进行灌根，每株灌药液 200 克左右，使药液从白菜心流到根际周围，一般灌根 1～2 次。

六、菜蚜

同翅目蚜科。菜蚜又名蚜虫、油汗、腻虫。为害种类有甘蓝蚜（菜蚜）、桃蚜（烟蚜）、萝卜蚜。

1. 寄主　菜蚜主要为害十字花科蔬菜。桃蚜为多食性害虫，分布广、寄主多，除喜偏食叶面光滑、蜡质多的甘蓝类蔬菜外，还可为害辣椒、番茄、马铃薯、菠菜、烟草、多种花卉、桃树、李树、梅树、梨树、杏树等。萝卜蚜和甘蓝蚜为寡食性害虫。前者喜偏食叶面多毛而蜡质少的白菜类、芥菜类和萝卜等蔬菜。

2. 为害特点　从幼苗开始菜蚜便刺吸植物汁液，使菜叶变黄、卷缩变形，生长不良，影响包心，产量和品质大大降低。叶背常聚集有菜蚜堆，上布稠黏的黄蜜露。留种植株的嫩茎、花梗和嫩荚被害时，影响抽薹、开花和结籽，花梗扭曲畸形。

3. 形态特征　有具翅的和无翅的个体。前翅大而后翅小，腹部稍后有1对腹管和1个尾片。甘蓝蚜腹管很短，中部膨大，近末端收缩成花瓶状，无翅胎生雌蚜黄绿色，有白色蜡粉；有翅胎生雌蚜绿色，萝卜蚜和甘蓝蚜很相似，无翅胎生雌蚜黄绿色，体上有白色蜡粉。

4. 生活习性　菜蚜繁殖速度特别快，世代重叠现象极为突出。北方估计1年10～20代，南方则可达40代。以卵或无翅胎生雌蚜在温室、窖藏蔬菜上和露地杂草、越冬菜心叶内或根部附近土中越冬。翌年春孵化，繁殖和迁飞至露地大田定植的甘蓝类作物上进行为害，以春末夏初蚜量最盛。高温干旱可促进有翅蚜的形成和迁飞，传播病毒所造成的为害也加重；阴雨潮湿的天气对菜蚜的繁殖不利。

5. 防治方法　菜蚜的主要天敌有瓢虫、蚜茧蜂、食蚜蝇、草蛉、捕食螨、蚜霉菌等，对蚜虫发生有一定抑制作用。3种蚜虫对黄色、橙色有强烈趋性，其次为绿色。对银灰色有负趋性。

（1）农业防治　蔬菜收获后，及时处理残株败叶，铲除杂草，间除有虫苗，并带出田外集中处理，可消灭部分蚜虫。夏季不种或少种十字花科蔬菜，以切断或减少秋菜的蚜源和毒源。

（2）物理防治　一是黄板诱杀，应用黄板涂机油插于田间，高度为60～80厘米，春秋季诱杀有翅蚜，可降低虫口密度。二是银膜避蚜，用银灰色薄膜地面覆盖忌避蚜虫，每667平方米用膜约5千克；在苗床或棚室周围挂5～15厘米宽的银色薄膜条带。

（3）药剂防治　在田间蚜虫点片发生阶段进行药剂防治。用

50％辟蚜雾可湿性粉剂2000～3000倍液喷雾，对3种菜蚜均有特效，且对蚜茧蜂、食蚜蝇等天敌昆虫无伤害；也可用10％吡虫啉可湿性粉剂2000～3000倍液，或20％杀灭菊酯乳油3000倍液，或40％菊马乳油2000～3000倍液，或0.5％藜芦碱醇液800倍液喷雾。

七、菜蛾

鳞翅目菜蛾科的通称。又名小菜蛾、方块蛾、两头尖、小青虫。幼虫俗称吊死鬼。

1. **寄主** 十字花科，如甘蓝、球茎甘蓝、花椰菜、白菜、萝卜等蔬菜。

2. **为害特点** 受其为害的部位是叶片，1龄的小幼虫，钻入叶片的上下表皮之间，潜食叶肉。2龄幼虫除吃去叶肉外，也吃叶片下表皮，只剩下上表皮，因而形成大大小小的透明窗。较大的幼虫则把叶片吃出孔洞。幼虫有选嫩叶吃的习性，菜心部位受害最重，严重时寄主植物难以包心，有时畸形生长。

3. **形态特征** 小菜蛾是完全变态的害虫。成虫体长6～7毫米，翅展12～16毫米，雄成虫体色较重，前翅多为褐色，从翅基到外缘，沿着整个后缘有明显的三道弯状波纹，停息时，两个合拢的翅上浅色的部分就拼成三个斜方块，翅的后缘缘毛密而长，每一个翅都呈船桨形。卵椭圆形，长0.5毫米左右，初产乳白色，最后为淡黄绿色。幼虫体长10～12毫米，体色淡绿，纺锤形，体表生有稀疏的长黑刚毛。蛹长5～8毫米，初为绿色，后变为灰褐色。茧灰白色，稀疏而透明。

4. **生活习性** 1年发生3～4代。越冬虫态以蛹在向阳的枯叶和杂草堆中越冬。成虫昼伏夜出，午夜活动力最强。成虫有趋光性，成虫寿命较长。产卵期长而不齐，世代重叠现象严重。一头雌虫一般产卵200粒左右，多产在叶背的叶脉间凹陷处。卵期5天左右，幼虫共4龄，幼虫期12～27天，蛹期8～14天。幼虫老熟后多在叶背或落叶上结网茧化蛹。一遇惊动幼虫便激烈扭动后退或吐丝下垂。天气温暖而少雨时为害严重。北方春季发生较重。

5. 防治方法

（1）农业防治　避免十字花科蔬菜周年连作，秋季栽培时选择离虫源远的田块，收获后及时清除残株落叶，进行翻耕。

（2）黑光灯诱杀成虫　在成虫发生期，每 667 平方米放置黑光灯 1 盏，灯下放 1 个大水盆，每天早晨捞去盆中的成虫集中杀死。

（3）性诱剂诱杀　可用当天羽化的雌蛾活体或粗提物诱杀雄蛾。

（4）生物防治　可用细菌农药，如杀螟杆菌、青虫菌等，每克含 100 亿活孢子的苏云金杆菌制剂 500～1000 倍液喷施，且能保护天敌。

（5）药剂防治　可用灭幼脲 1 号或灭幼脲 3 号制剂 500～800 倍液，或 5％抑太保 3000 倍液，或 5％锐劲特 3000 倍液，或 1.8％阿维菌素 1000～1500 倍液，或 5％除虫菊素乳油 2000 倍液，或 48％多杀菌素 2000 倍液等喷雾防治。

八、甘蓝夜蛾

鳞翅目夜蛾科。很普遍的名称为甘蓝夜盗虫。

1. 寄主　除大田作物、果树、野生植物外，还可为害甘蓝、白菜、萝卜、菠菜、胡萝卜等多种蔬菜。

2. 为害特点　主要以幼虫为害作物的叶片。初孵化时的幼虫围在一起于叶片背面进行为害，白天不动，夜晚活动啃食叶片，而残留下表皮。到大龄时（4 龄以后），白天潜伏在叶片下，菜心、地表或根周围的土壤中，夜间出来活动，形成暴食。严重时，往往能把叶肉吃光，仅剩叶脉和叶柄，吃完一处再成群结队迁移为害，包心菜类常常有幼虫钻入叶球并留了不少粪便，污染叶球，还易引起腐烂。

3. 形态特征　成虫体长 15～25 毫米，翅展 30～50 毫米，翅和身体灰褐色，复眼黑紫色。在前翅的中间部位，靠近前缘附近有一个灰黑色的环状纹和一个相邻的灰白色的肾状纹，后翅灰白色。卵半球形，有纵横棱边相隔的方格纹。初产黄白色，孵化前紫黑色。幼虫体长 40 毫米左右，体色在黄、褐、灰间变化，背腺两侧有多个倒"八"字形纹。蛹赤褐色，长约 20 毫米，末端有两根长刺，顶端膨大。

4．生活习性　1 年发生 2～4 代，以蛹在土表下 7～10 厘米处越冬。当气温回升到 15℃～16℃时，越冬蛹羽化出土。成虫昼伏夜出，对糖醋味有趋性，对光没有明显趋性。成虫产卵期需吸食露水和蜜露以补充营养。卵为块状，每块含 100～200 粒卵，一头雌蛾一生可产 1000～2000 粒卵，多产在生长茂密的植株叶背，卵期一般为 4～6 天。幼虫共 6 龄，孵化后有先吃卵壳的习性，群集叶背进行取食，2～3 龄开始分散为害，4 龄后昼伏夜出进行为害，整个幼虫期为 30～35 天。甘蓝夜蛾的发生往往出现间歇性暴发，在冬季和早春温度和湿度适宜时，羽化期早且较整齐，易于出现暴发性灾年。高温干旱或高温高湿对它的发育不利。与其他害虫不同的重要一点是成虫需要补充营养。成虫期，羽化处附近若有充足的蜜、露，或羽化后正赶上有大量的开花植物，都可能引起大发生。

5．防治方法

（1）农业防治　秋季发生地块需要认真耕翻土地，消灭部分越冬蛹，早春及时清除杂草，创造通风透光良好环境，以减少卵量。

（2）糖醋液诱杀　可采用糖：醋：水＝6：3：1 的比例，再加入少量甜而微毒的敌百虫原药，可有效诱杀成虫。

（3）生物防治　利用赤眼蜂、寄生蝇、草蛉等。

（4）药剂防治　可用 4000 倍液的杀灭菊酯或 48% 催杀悬浮剂 1500～2000 倍液喷雾，及时进行防治。

九、瓜蚜

同翅目蚜科。别名：棉蚜。

1. 寄主　主要为害黄瓜、南瓜、西葫芦、西瓜等葫芦科蔬菜，也为害豆类、茄子、菠菜、葱、烟草、甜菜等。

2. 为害特点　以成虫和若虫在叶背、嫩茎和嫩梢上吸食汁液，造成幼叶卷曲，同时分泌蜜露，使老叶片发生杂菌污染，严重影响光合作用，瓜苗生长缓慢萎蔫，致使提前干枯，老叶受害，提前枯落，结瓜期缩短，造成减产。瓜蚜可能从黄瓜露地生长期间带入温室，也可能从温室内的杂草传播而来。瓜蚜也是传播黄瓜病毒病的媒介。

3. 形态特征

(1) 成蚜　分为干母、有翅孤雌胎生蚜、无翅胎生蚜等。干母是由越冬卵孵化的无翅孤雌胎生蚜，体长 1.7 毫米，暗绿色，复眼红褐色；有翅孤雌胎生蚜体长 1.2～1.9 毫米，黄色、浅绿色或深绿色；头胸大部分为黑色，具有翅膀；无翅胎生蚜体长 1.5～1.9 毫米，黄色、绿色或深绿色，夏季以黄色居多。

(2) 若蚜　分为有翅蚜和无翅蚜两种。无翅若蚜体长 1.63 毫米，夏季体色淡黄色或黄绿色，复眼红色；有翅若蚜体形类似无翅若蚜，夏季淡黄色、秋季灰黄色。

4. 生活习性　瓜蚜在东北以卵在鼠李和枯草上越冬。也可以成蚜或若蚜在温室的蔬菜、花卉植株上越冬。越冬卵在翌年 4 月下旬孵化出的蚜虫称为干母，干母生出的后代称为干雌，干雌在越冬寄主上繁殖 2～3 代后产生有翅蚜，有翅蚜向其他黄瓜植株或其他寄主上迁飞扩散，并不断地以孤雌胎生（母蚜不经过交配，直接产生若蚜）的方式繁殖有翅和无翅蚜，增殖扩散加重为害。瓜蚜的繁殖能力很强，1 年发生十余代，每个雌蚜可产若蚜60 余头。

瓜蚜的发生与温度有密切的关系。16℃～22℃是繁殖的最适宜的温度，干燥气候适于蚜虫的发生，高温、高湿和降雨的冲刷不利于蚜虫的发育生长。一般杂草多及通风不良的地块发病重。

5. 防治方法

（1）消灭越冬虫卵　彻底清除瓜田周围的越冬寄主。

（2）保护天敌　瓜蚜的天敌有七星瓢虫、异色瓢虫、草蛉、食蚜蝇、食蚜螨、蚜茧蜂和蚜霉菌等。

（3）避蚜和诱蚜　利用蚜虫趋黄性，利用黄板诱杀有翅蚜；利用蚜虫对银灰色的负趋性，在保护地的通风口或植株间的行间挂银灰色的塑料膜条，也可减轻为害。

（4）化学防治　用 2.5％高效氯氟菊酯微乳剂 6 000～10 000 倍液或 5％除虫菊素乳油 2 000 倍液喷雾防治。喷洒时应注意喷头对准叶背，将药液尽可能喷到瓜蚜体上。保护地可选用杀蚜烟剂，每 667 平方米每次用药 400～500 克，分散放四五堆，用暗火点燃，冒烟后密闭 3 小时。也可用 22％敌敌畏烟剂或 10％杀瓜蚜烟剂进行熏蒸，每公顷分别用 4.5 千克和 7.5 千克。或每公顷用 4.5～6 千克 80％敌敌畏乳油掺适量锯末，点暗火熏杀。

十、菜粉蝶

鳞翅目粉蝶科。又名菜白蝶，幼虫称菜青虫。

1. 寄主　十字花科蔬菜。

2. 为害特点　菜粉蝶仅以幼虫为害，初孵幼虫啃食叶片，残留表皮，3 龄以后将叶片咬成孔洞和缺刻，仅剩叶脉和叶柄，苗期受害严重时整株死亡，成株受害影响植株生长和包心，幼虫排出粪便污染叶面和菜心，引起腐烂，被害的伤口易发软腐病，降低了蔬菜产量和质量。

3. 形态特征

（1）成虫　休长 12～20 毫米，翅展 45～55 毫米。雄虫体乳白色。雌虫略深，淡黄白色，前翅正面近翅基部灰黑色，约占翅面 1/2，顶角有一个三角形黑斑，翅中下方有 2 个黑色圆斑，后翅正面前缘离翅基 2/3 处有 1 黑斑；雄虫前翅正面灰黑色部分较小，翅中下方的 2 个黑斑仅前面一个较明显。

（2）卵　形似直立的瓶，长约 1 毫米，短径约 0.4 毫米。初产时淡黄色，后变橙黄色，卵散产。

（3）幼虫　末龄幼虫体长 28～35 毫米，青绿色，腹面淡绿带白色，背中线黄色。蛹长 18～21 毫米，纺锤形，两端尖细，中部膨大、有棱角状凸起。体色有灰黄、灰绿、灰褐、青绿等色。

4. 生活习性　菜粉蝶 1 年发生 3～4 代。以蛹在秋菜田附近的房屋墙壁、篱笆、风障、树干上，也有的在砖石、土缝、杂草或残株落叶间，一般在干燥背阴面。第 2 年 5 月上旬羽化，羽化的成虫当日即可交尾，第 2 天产卵。对芥子油气味有强烈的趋性甘蓝等十字花科植物都含有芥子油糖苷，吸引成虫前去产卵（所以甘蓝受害重）。在飞翔时停留 1 次产 1 粒卵。卵多产在叶背，卵期 3～8 天。卵和初孵化的幼虫多在叶子的背面，幼虫期 11～20天。老熟幼虫在化蛹前停止取食，蛹期 5～7 天。1～3 龄幼虫食量不大，4～5 龄进入暴食期，菜青虫发育与十字花科蔬菜栽培的适宜条件一致，发生以春、秋为重。

（1）农业防治　避免十字花科蔬菜连作，与非十字花科蔬菜轮作，夏季不种过渡寄主；收获后及时清洁田园，集中处理残株落叶、深翻菜地，减少虫源。

（2）生物防治　一是保护利用天敌，少用广谱和残效期长的农药，放宽防治指标，避免杀伤天敌；二是人工释放广赤眼蜂，在产卵盛期每 667 平方米放蜂 1 万头，每隔 5～7 天放 1 次，连续放蜂 3～4 次；三是用 100 亿/克以上活芽孢的苏云金杆菌悬浮剂800～1000 倍液，或每 667 平方米用苏云金杆菌可湿性粉剂 25～30 克，在卵孵化盛期、气温 20℃ 以上开始喷药，7 天后再喷1 次。

（3）药剂防治　一是应用植物性杀虫剂，用 2.5% 鱼藤酮乳油 600 倍液，或 0.65% 茵蒿素水剂 400～500 倍液喷雾。二是应用昆虫生长调节剂，5% 定虫隆（抑太保）乳油、5% 氟虫脲（卡死克）乳油、5％氟铃脲（盖虫散）乳油、5％伏虫隆（农梦特）乳油均用 2000 倍液，或 25％灭幼脲 3 号悬浮剂用 500～1000 倍液喷雾。上述其他昆虫生长调节剂药效缓慢，故施药适期应比一般有机磷、菊酯类农药提早 3 天左右。三是应用化学农药，用 50％辛硫磷乳油 1000～1500 倍液，或 80％敌敌畏乳油 1000～1500 倍液，或 20％氰戊菊酯（速灭杀丁）乳油 3000 倍液，或 48％乐斯本乳油 1000～1500 倍液喷施。在每株蔬菜 1 头幼虫、幼虫 3 龄前施药，有利于保护天敌，应注意各种药剂轮换交替使用，延缓产生抗药性。

十一、白粉虱

同翅目粉虱科。别名温室粉虱、小白蛾。

1. 寄主　黄瓜、菜豆、茄子、番茄、青椒、甘蓝、花椰菜、白菜、油菜、萝卜、芹菜等各种蔬菜及花卉、农作物等 200 余种。

2. 为害特点　成虫和若虫吸食植物汁液，被害叶片褪绿、变黄、萎蔫，甚至全株枯死。此外，由于其繁殖力强，繁殖速度快，种群数量庞大，群聚为害，并分泌大量蜜液，严重污染叶片和果实，往往引起煤污病的大发生，使蔬菜失去商品价值。

3. 形态特征

（1）成虫　体长 1.2 毫米，翅展 2.4 毫米，体浅黄色，翅白色披有白色蜡质粉。喙发达。触角短丝状。

（2）卵　长椭圆形，初产时淡黄色，后变褐色。

（3）幼虫　体长 0.5 毫米，长椭圆形，扁平，淡绿色。体周围有白色放射状蜡丝。

（4）蛹　椭圆形，稍隆起，淡黄色或淡褐色，蛹壳背面覆盖有白色蜡丝。

4. 生活习性　温室 1 年可发生十余代，冬季在室外不能存活，因此以各虫态在温室越冬并继续为害。成虫羽化后 1～3 天可交配产卵，平均每雌产 142.5 粒。也可进行孤雌生殖，其后代为雄性。成虫有趋嫩性，成虫总是随着植株的生长不断追逐顶部嫩叶产卵，因此白粉虱在作物上自上而下的分布为：新产的绿卵、变黑的卵、初龄若虫、老龄若虫、伪蛹、新羽化成虫。白粉虱卵极不易脱落。若虫孵化后 3 天内在叶背可做短距离游走，当口器插入叶组织后就失去了爬行的功能，开始营固着生活。粉虱繁殖的适温为 18℃～21℃，在适宜条件下，约 1 个月完成 1 代。通过温室开窗通风或菜苗向露地移植而使粉虱迁入露地。白粉虱的种群数量，由春至秋持续发展。

5. 防治方法

（1）农业防治

①提倡温室第 1 茬种植白粉虱不喜食的芹菜、蒜黄等较耐低温的作物，减少黄瓜、番茄的种植面积。

②培育"无虫苗"，把苗床和生产温室分开，育苗前彻底熏杀残余虫口，清理杂草和残株。在通风口密封尼龙纱，控制外来虫源。

③避免黄瓜、番茄、菜豆混栽。

④温室、大棚附近避免栽植黄瓜、番茄、茄子、菜豆等粉虱发生严重的蔬菜。

（2）药剂防治　必须连续几次用药。可选用的药剂和浓度如下：

① 10％扑虱灵乳油 1000 倍液，对粉虱特效。

② 25％灭螨猛乳油 1000 倍液对粉虱成虫、卵和若虫皆有效。

③ 20％康福多浓可溶剂 4000 倍液或 10％大功臣可湿性粉剂每 667 平方米用有效成分 2 克，持效期 30 天。

④ 2.5％高效氯氟氰菊酯乳油每 667 平方米 45～60 克对水 150～200 升喷雾。

⑤ 2.5％高效氯氟菊酯微乳剂 6000～10 000 倍液喷雾。

（3）生物防治　可人工繁殖、释放丽蚜小蜂，当粉虱成虫在 0.5 头/株时，每隔 2 周放 1 次，释放丽蚜小蜂成蜂 15 头/株。

（4）物理防治　在温室内设置黄板诱杀成虫。将废旧的纤维板或硬纸板裁成 1 米×0.2 米的长条，用油漆涂为橙皮黄色，再涂上一层黏油（可使用 10 号机油加少许黄油调匀），每 667 平方米设置 32～34 块，置于行间，可与植株高度相同。当粉虱粘满板面时，需及时重涂黏油，一般可 7～10 天重涂 1 次，要防止油滴在作物上造成烧伤。黄板诱杀与释放丽蚜小蜂可协调运用，并配合生产"无虫苗"，作为综合治理的主要内容。

十二、菜螟

鳞翅目螟蛾科。又称菜心野螟、萝卜螟、甘蓝螟、白菜螟、吃心虫、钻心虫、剜心虫等。

1. 寄主　主要为害十字花科白菜类、甘蓝类、芥菜类和萝卜等叶菜类和根菜类蔬菜，还可为害菠菜等。

2. 为害特点　以初龄幼虫蛀食幼苗心叶，吐丝结网，轻则影响菜苗生长，重者可致幼苗枯死，造成缺苗断垄；高龄幼虫除啃食心叶外，还可蛀食茎髓和根部，并可传播细菌软腐病，引致菜株腐烂死亡。

3. 形态特征

（1）成虫　灰褐色，体长约 7 毫米，翅展 15 毫米，前翅有 3 条白色横波纹，中部有 1 个深褐色肾形斑，镶有灰白色边；后翅灰白色。

（2）卵　椭圆形，扁平，长约 0.3 毫米，表面有不规则的网纹，初产时淡黄色，孵化前橙黄色。

（3）幼虫　老熟幼虫体长 12～14 毫米，头部黑色，体背有 5 条不明显的灰褐色纵线，各节生有毛瘤。

（4）蛹　体长 7～9 毫米，黄褐色，腹部背后隐约可见 5 条纵线，蛹体外有长椭圆形丝茧。

4. 生活习性　菜螟每年发生的世代南北不同。以老熟幼虫在地表吐丝黏着泥土、枯叶做成丝囊越冬（少数也可以蛹态越冬）。越冬幼虫于翌年春季在 6～10 厘米深的土中结茧化蛹，也有在地面残株落叶间化蛹。成虫昼伏夜出，稍有趋光性，飞翔力弱。卵散产在叶片、茎及外露的根上，以心叶着卵数最多。幼虫共 5 龄，可转株为害 4～5 次。若高温干旱或雷阵雨天气多，受害最重。连作的十字花科蔬菜受害也较重。

5. 防治方法

（1）及时翻地，清洁田园，避免连作，减少田间虫源。

（2）调整播期，使菜苗 3～5 叶期与菜螟盛发期错开，干旱季节适当灌水，可减轻或避免为害。

（3）化学防治　在幼虫初孵期和幼虫 3 龄前用药，如初见心叶被害和有丝网时立即喷药，将药喷到心叶内。用 2.5% 功夫乳油 4000 倍液，或 40% 菊马或菊杀乳油 3000 倍液，或 2.5% 天王星乳油 3000 倍液喷施。

十三、红蜘蛛

蜱螨目叶螨科。又名棉红蜘蛛，俗称大蜘蛛、火龙、红虫、红虱子等。

1. 寄主　食性杂，可为害 110 多种植物。有 18 种蔬菜受其为害，其中以茄科、葫芦科和豆科受害最重。

2. 为害特点　若虫或成虫以口器刺入叶片内吮吸汁液，使叶片叶绿素受到破坏，叶片出现灰黄点或斑块，进而变成橘黄，然后脱落，甚至落光。

3. 形态特征

（1）成虫　雌虫梨圆形，体长 0.42～0.5 毫米、宽 0.28～0.32 毫米，体色变异较大，有红色、锈红色。雄虫体长 0.26 毫米，头脑部前端呈圆形，腹末端交尖，呈楔形。

（2）卵　圆球形光滑，直径约 0.13 毫米，初产时透明无色，以后变橙红色。

（3）幼虫　初孵化的红蜘蛛称幼虫，身体近圆形，有 1 对复眼和 3 对足，体长 0.15 毫米。

（4）若虫　幼虫蜕皮后称若虫。身体椭圆形，红色，有 4

对足。

4. **生活习性**　1年发生10多代，以雌性成虫群集在枯叶内、杂草根际、土块隙缝或树皮缝内过冬。高温低湿时为害重。在叶背面吐丝结成网，并在里边取食、产卵，一头可产卵100多粒。于10月进入越冬期。

5. **防治方法**

（1）**人工防治**　在越冬卵孵化前刮树皮并集中烧毁，刮皮后将树干涂白（石灰水）杀死大部分越冬卵。

（2）**生物防治**　天敌主要有中华草蛉、食螨瓢虫和捕食螨类等。

（3）**化学防治**　用1.8％阿维菌素1000～1500倍液，或1％除虫菊·苦参碱微囊悬浮剂500倍液，或15％哒螨灵乳油2000倍液，或1.8％齐螨素乳油6000～8000倍等均可达到理想的防治效果。

十四、葱潜叶蝇

双翅目花蝇科。又叫葱斑潜蝇。

1. **寄主**　主要为害大葱。除为害葱外，还为害韭菜。

2. **为害特点**　幼虫蛀入叶片内，取食叶肉，形成隧道，隧道曲线状或乱麻状，影响大葱生长。

3. **生活习性**　华北1年发生4～6代，以蛹在土中越冬，翌年4月越冬蛹羽化。成虫活泼，白天飞翔于植物间或栖息在葱叶上，交配产卵，多在上午9～11时产卵。幼虫孵化后即开始蛀食叶肉，在隧道内能自由活动，并有外迁为害习性。6～7月进入为害盛期，9～10月继续为害，幼虫成熟后即在隧道中化蛹，落入土中越冬。

4. **形态特征**

（1）**成虫**　体长2毫米，头部黄色，复眼红褐色，触角黄色，胸部黑色，上被有浅灰色粉，腹部黑色，足黄色，茎节的基部黑色，翅透明，翅脉褐色。

（2）**卵**　长约0.3毫米，乳白色，长椭圆形。

（3）幼虫　体长4毫米，浅黄色，圆筒形，虫体光滑透明。

（4）蛹　体长2.6毫米，褐色，长椭圆形。

5. 防治方法

（1）农业防治　清洁田园，及时把被害叶片摘除，收获后彻底清除残枝虫叶，集中带出田外烧毁或深埋，可减少害虫在田间为害。

（2）药剂防治　在成虫盛发期，喷施21%增效氰·马（灭杀毙）乳油5000～6000倍液；在产卵盛期至幼虫孵化初期，喷施80%敌百虫可溶性粉剂800倍液，或20%氰戊菊酯乳油2000～3000倍液，或40%菊马乳油2000～3000倍液，或40%乐果乳油800倍液，每隔7～8天喷1次，连喷2～3次。

十五、韭蛆

双翅目眼蕈蚊科。即韭菜迟眼蕈蚊。

1. 寄主　主要为害韭菜。

2. 为害特点　韭蛆在土表下3～5厘米处聚集在韭菜的根部，钻食韭菜的鳞茎和柔嫩的茎部。初孵幼虫先为害韭菜叶鞘基部和鳞茎的上端；春秋两季主要为害韭菜的幼茎引起腐烂，使韭菜叶色发黄、萎蔫、断叶，植株瘦小，最后枯死；夏季幼虫向下活动蛀入鳞茎，重者鳞茎腐烂，整墩韭菜死亡。

3. 生活习性　韭蛆1年发生4代，幼虫在韭菜鳞茎内或韭根周围3～4厘米表土层以休眠方式越冬，在温室内则无越冬，可继续繁殖为害。成虫喜在阴湿弱光环境下活动，善飞翔，有多次交尾习性。幼虫孵化后便分散，先为害韭株叶鞘、幼茎及芽，而后把茎咬断蛀入其内，并转向根茎下部为害。

4. 形态特征

（1）成虫　为小型蚊子，体长2～5.5毫米，黑褐色，头小，复眼连接，触角丝状、16节，有微毛。前翅前缘脉及亚前缘脉较粗，足细长、褐色。腹部细长，8～9节，雄蚊腹部末端具一对铗状抱握器。

（2）卵　椭圆形，乳白色，大小为 0.24 毫米×0.17 毫米。

（3）幼虫　体细长，头漆黑色、有光泽，体白色、无足。

（4）蛹　裸蛹，初期黄白色，后转为黄褐色，羽化前呈灰黑色；头铜黄色，有光泽。

5. 防治方法

（1）农业防治方法　早春刚开始生长时或秋季临近盖膜时，选择温暖天气，扒开韭墩表层土，露出"韭蛆"，晾晒 5～7 天，可杀死部分韭蛆。覆土前沟施草土灰。

（2）物理防治　在温室大棚内也可设普通日光灯，在灯下放水盆，可诱杀韭蛆成虫。

（3）生物防治　应用小卷蛾线虫和异小杆线虫防治韭蛆。

（4）熏蒸剂、触杀剂防治成虫　在成虫羽化期，割完韭菜后用高效氯氰菊酯、农地乐等毒性较低的农药大田喷雾或棚室熏蒸，三种农药交替使用效果好。

（5）药剂防治　灌水时，每 667 平方米用乐斯本 400～500 毫升随水流大水漫灌，或每 667 平方米用乐斯本 150～200 毫升加水 500～800 升顺垄灌根。韭菜收割后，及时喷施菊酯类农药 2500～3000 倍液封锁畦面。

（6）施肥灭虫　田间发现幼虫为害时，可结合浇水，每 667 平方米随水追施碳酸氢铵 15～20 千克。

第二章 蔬菜常见病害

一、十字花科蔬菜常见病害

（一）白菜病毒病

白菜病毒病又名孤丁病、抽风病，在东北地区发生普遍，此病浸染越早，发病越重，损失越大。如在 7 叶前发生，多不能包心。8 叶后发生虽可包心，但生长受阻。发病率一般为 3％～30％，严重地块达 80％。除白菜外，其他十字花科蔬菜也可发生病毒病。

1. **症状识别**　苗期、成株期均可发病。幼苗期受害，心叶明脉，渐变为淡绿相间的花叶，叶片扭曲皱缩。重病苗变矮，根系不发达，生长停滞甚至早枯，侧脉上产生褐色条纹或黑色坏死斑点，叶片僵硬扭曲皱缩成团，不包心，俗称"抽风"或"孤丁"。轻病株只是叶片轻微皱缩或花叶，虽可结球但菜球不紧实，而且菜球内层叶片产生许多褐色或灰色小点，不耐运输和贮存。

2. **病原传播及发病规律**　本病由芜菁花叶病毒、黄瓜花叶病毒和烟草花叶病毒等病毒浸染引起。病毒主要在窖藏的十字花科蔬菜留种株上越冬，也可在多年生宿根寄主及田间杂草上越冬。翌春蚜虫将病毒由越冬毒源传到春大白菜上引起发病。田间主要传播介体为蚜虫，蚜虫传毒为非持久性。农业栽培管理作业不当，损伤病株再损伤健株后，可传播病毒导致健株发病。一般高温干旱有利于发病，尤其土温高而土壤湿度低时，病毒病发生更重。

3. **防治措施**

（1）选用抗（耐）病毒的品种　叶色较深、外形直立的品种较抗（耐）病。如辽白1号、新品种8361等。

（2）适时精细播种　早间苗、早定苗，拔除病苗，培育壮苗，增强抗病毒能力。

（3）深翻起垄，施足底肥　增施磷肥、钾肥，苗期要小水勤灌，严防土壤干旱，及早中耕除草。

（4）治蚜防病　苗床驱蚜，可采用银色反光膜或铝箔纸按一定间隔覆盖在畦埂上，18～20天后撤去。选择有效的杀虫剂如杀灭菊酯等消灭临近菜地、杂草上的蚜虫，阻止蚜虫迁飞。

（5）发病初期进行药剂防治　用20％病毒A可湿性粉剂500倍液，或1.5％植病灵乳油1000倍液，或5％菌毒清可湿性粉剂400倍液，或95％的病毒毙克可湿性粉剂500～600倍液喷雾，连喷2～3次，间隔10天左右。

（二）白菜霜霉病

大白菜霜霉病在北方发生较重。主要为害白菜植株叶片，病菜不易贮存，甚至不易入窖，影响第2年白菜留种株的结实，严重受害的白菜减产50％以上。此病除为害大白菜外，还可以为害油菜、芥菜、甘蓝、萝卜和榨菜等其他十字花科蔬菜。

1. 症状识别　在白菜的整个生育期均可发生。主要为害叶片，其次是为害茎、花梗和种荚。幼苗受害，子叶变黄枯死，遇湿则叶背长出白色霉状物。叶片发病初期，正面出现水浸状淡绿色斑点，扩大后受叶脉限制呈多角形，田间湿度大时，叶背生一层白色霜霉，病斑中部组织后来变干枯至枯黄色。包心期后，病斑逐渐连成片，叶片变黄，病害从外叶向内层叶球迅速蔓延，层层干枯，最后仅余中心叶球。在采种株上，症状出现在叶、花梗、花器、种荚上，受害花梗肥肿，弯曲成龙头拐状；花器肥大畸形，花瓣久绿不凋落；种荚被害呈淡黄色，瘦小，不结实或结实少，病部长出白霉。

2. 病原传播及发病规律　本病由鞭毛菌亚门霜霉菌属真菌浸染所致。病菌以卵孢子随病残体在土壤中越冬，也可以附着在种子表面，或以菌丝体在采种母株上越冬。翌年菌丝体萌发浸染小白菜、油菜等春菜幼苗，在病斑上产生孢子囊进行再浸染，孢子囊借气流和雨水传播，使病害扩展蔓延。发病中后期，病组织内可形成大量卵孢子，卵孢子通过植株的气孔和表皮直接侵入，引起寄主组织病变，病部形成霜状霉层。秋白菜一般在莲座期至包心期发病，低温阴湿、雾大露重有利于此病的发生和流行。病菌侵入寄主的最适温度为 16℃。高湿有利于病菌孢子囊的形成、萌发和侵入。在多雨或连阴雨天往往发病重，地势低洼、土壤黏重的地块发病也重，播种过早、过密、间苗过迟、追肥不及时或偏施氮肥使植株容易感病。

3. 防治措施

（1）选种及种子消毒处理　播种前用 10％盐水选种，清除瘪粒病籽；用种子总量 0.3％的 25％甲霜灵可湿性粉剂或 50％福美双拌种。

（2）土壤消毒　播种时每 667 平方米撒施 50％的退菌特或 50％的甲基托布津可湿性粉剂 1～15 千克进行土壤消毒。

（3）适期栽培　使包心期避开多雨季节，注意合理密植。

（4）田间管理　推广高垄地膜栽培，及时排除积水，早间苗、晚定苗，剔除病残植株，蹲苗期不宜过长，包心期浇水不宜过大，控制好棚内湿度。

（5）发病初期进行药剂防治　用 52.5％抑快净可分散粒剂 2000～3000 倍液，或 64％杀毒矾可湿性粉剂 500 倍液，或 72％的普力克水剂 600～800 倍液，或 40％乙磷铝可湿性粉剂 250～300 倍液，或 25％阿米西达悬浮剂 1000～1500 倍液喷雾，间隔 1 周喷药 1 次，连喷 2～3 次药。

（三）白菜软腐病

白菜软腐病又名烂葫芦、烂疙瘩。各地都有发生。田间生长和窖贮白菜都可发生该病，严重时全株腐烂，个别地块为害损失 50％以上。除为害大白菜、甘蓝、花椰菜等十字花科蔬菜外，还为害马铃薯、番茄、辣椒、大葱、胡萝卜、芹菜、莴苣、黄瓜等蔬菜。

1. **症状识别** 在田间多从包心期开始发病，初期呈浸润状半透明，逐渐呈明显的水渍状病斑，表皮下陷，有白色菌脓，重者髓部腐烂，发出恶臭。发病初期，外叶在中午表现萎蔫，但早晚尚可恢复，随着病情的加重，萎蔫不再恢复。根茎内部变褐，开始腐烂，烂到外叶即造成脱帮。重病株根茎处髓组织完全腐烂，充满灰黄色脓状物，轻踢就倒，有臭味逸出。发病部位不尽相同，有的从根髓部或叶柄部向上、向内发展蔓延，有的从心叶及叶球顶端向下蔓延，有的从植株外叶边缘向下扩展，有的从叶片虫伤处向四周蔓延。在晴天干燥的环境条件下，病部失水而干缩，呈薄纸状，轻发病植株内部仍然完好。

2. **病原传播及发病规律** 本病由欧氏杆菌属细菌浸染引起。病菌主要在病残体组织中越冬，带病的采种植株上及种子上也带有大量病菌，春季病菌主要通过昆虫、雨水、灌溉水进行传播，从植株的自然裂口、虫伤和机械损伤等孔口侵入，形成水渍状浸润区，向全株蔓延。白菜莲座期愈伤能力减弱，木栓化速度减慢，病菌侵入的机会增多。包心期以后，雨水多使叶基部浸入水中，植株缺氧，地温低，伤口有利于细菌浸染，易发生软腐病。地势低洼、过早播种、平畦、重茬、虫害严重及包心后浇水过多导致病害发生严重。大白菜收获贮存期间，如果温度过高，通风不良，软腐病会使白菜大量脱帮、腐烂。

3. **防治措施**

（1）选用抗病品种 叶色较深外形直立的品种较抗（耐）病。

（2）适时精细播种 选择高岗地或采用高垄栽培，播种前提早翻晒土壤，每100克种子用20克含菌量为250亿的菜丰宁粉剂拌种，拌种前先将种子浸湿，适时精细播种，防止过早播种，及早间苗，适度蹲苗。

（3）田间管理　施用充分腐熟的有机肥，及时追肥，注意追肥时不要烧伤根系，要小水勤浇，避免大水漫灌，雨后及时排水。有条件的地方最好采用地膜和滴灌技术，发现中心病株应及时拔除深埋，病穴及四周撒少许石灰。

（4）药物防虫　用乐斯本乳油灌根及时防治地下害虫，用增效氰马防治黄条跳甲、菜青虫、小菜蛾、甘蓝夜蛾等害虫。

（5）发病初期进行喷药防治　用100万单位的农用硫酸链霉素3000~4000倍液、47％加瑞农可湿性粉剂700~750倍液，或77％的可杀得可湿性微粒粉剂800倍液，或10％抗菌剂"401"水剂500倍液、20％龙克菌悬浮剂500~600倍液喷雾，间隔10天左右，连喷2~3次。

（四）大白菜干烧心

大白菜干烧心又名夹皮烂，是一种生理病害，是由于连年过量使用化肥，灌水不及时，使土壤的理化特性有了改变，影响大白菜正常生长而造成的生理性缺钙病，田间和贮藏期都可显症，严重地块达100％，损失很大。

1. 症状识别　多于莲座期和包心期开始发病，受害叶片多在叶球中部，往往隔几层健壮叶片出现一片病叶。外叶生长正常，剖开球叶后可看到幼嫩球叶先端开始发病，部分叶片从叶缘处变白、变黄、变干，叶肉呈干纸状，病叶叶脉的生长受到抑制，叶片皱缩，输导组织突出。严重者叶球顶部出现空洞，结球较差。在特殊情况下，未结球前也表现出上述症状。结球中后期感病的，一般进入贮藏期后表现症状，随贮藏时间延长逐渐加重。

2. 病因及发病规律　大白菜干烧心病是由于某些不良环境条件造成植株体内生理缺钙而引起的生理性病害。它不仅在酸性缺钙的土壤中形成，也会在石灰性富含钙素的土壤中形成。诱导干烧心病发生的因素较多。气候条件与干烧心病关系密切，在大白菜莲座期，干旱少雨的年份发病较重。盐碱地发病重。凡是在苗期、莲座期适当多灌水的地块发病轻，反之则发病重。当灌水中氯化物含量高于 600 毫克/升时，干烧心发病率高。大量施用氮素肥料，易引起干烧心病。

3．防治措施

（1）整地施肥　使用腐熟有机肥作为底肥，少量使用化肥。每 667 平方米施农家肥 5000 千克、过磷酸钙 50 千克、硫酸钾 15 千克及少量的尿素，平整土地，浇水均匀，水质无污染。酸性土壤应增施石灰，调整土壤酸碱度。

（2）加强田间管理　苗期及时中耕，加强水肥管理，促进根系发育，适期晚播。干旱年份，白菜莲座期不蹲苗，田间始终保持湿润状态。

（3）直接补钙　莲座初期及包心前期每 7～10 天向心叶喷洒 0.7％氯化钙或 1％过磷酸钙，配合适当比例的萘乙酸混合液，共喷 3～5 次，施用时要注意集中向心叶喷洒，避免踩伤植株。

（4）注意茬口选择　在易发生干烧心病的病区种植大白菜时，应避免与甘蓝、番茄等作物连作。如果在番茄结果期发现脐腐病严重时，说明该地区可能缺钙，最好不要种植大白菜。

（五）白菜白斑病

白菜白斑病在秋白菜上发病较多，为害也较重，引起叶片早期枯死，常常与霜霉病同时发生。仅发生于十字花科作物上。吉林省多在 8 月中下旬开始，9 月份为发病盛期。

1．症状识别　白斑病主要为害叶片。叶片初生灰褐色斑点，逐渐扩大为不定形的大病斑，中央部分逐渐由浅灰褐色变为白色，外围有淡黄色晕圈或斑，边缘呈湿润状，潮湿时背面现暗灰色霉状物，即分生孢子梗和分生孢子，病部组织变薄近透明，有的破裂或穿孔，严重时病斑联结成斑块，终致整叶干枯，似火烤状，全田一片枯黄。

2．病原传播及发病规律　本病由半知菌亚门芥假小尾孢属真菌浸染引起。病菌主要以分生孢子梗基部的菌丝体附着在地表的病叶上越冬，或以分生孢子附着在种子上越冬。翌年环境合适时，病组织上产生的分生孢子，借雨水飞溅传播到白菜叶片上，孢子萌发后从气孔侵入，形成初浸染源。病斑形成后可产生分生孢子，借风、雨、水传播进行再浸染。该病属低温型病害，春播过早，棚内保温设施差易诱导病害发生。基肥不足，植株生长弱时发病重。

3. 防治措施

（1）选择抗病品种及进行种子消毒　50℃温水浸种 20 分钟后，立即移入冷水中冷却，晾干后播种。

（2）加强田间管理　清洁田园，增施粪肥，及时中耕，收获后进行深耕。

（3）发病初期进行喷药防治　喷施 25％多菌灵可湿性粉剂 400～500 倍液，或 75％达科宁可湿性粉剂 800 倍液，或 50％苯菌灵可湿性粉剂 1500 倍液，或 50％甲基托布津可湿性粉剂 500 倍液，每隔 7～10 天喷 1 次，连喷 2～3 次。

（六）白菜炭疽病

大白菜炭疽病在东北地区都有发生，在雨水多年份发病重，严重发生时达 50％以上，损失较大。

1. 症状识别　大白菜炭疽病主要为害叶片、花梗及种荚。叶片染病，初生苍白色或褪绿水浸状小斑点，扩大后为圆形或椭圆形灰褐色斑，中央略下陷，呈薄纸状，边缘褐色，微隆起。湿度大时，病斑上产生粉红色黏质物。发病后期，病斑灰白色，半透明，易穿孔。在叶背多为害叶脉，形成长短不一略向下凹陷的条状褐斑。叶柄、花梗及种荚染病，形成长圆形或纺锤形至梭形凹陷褐色至灰褐色斑。

2. 病原传播及发病规律　炭疽病菌以菌丝体随病残体越冬，或以菌丝体潜伏在种皮内或以分生孢子附着在种子表面越冬，种子发芽时就侵入子叶及幼茎，然后产生分生孢子，借风雨或气流传播能重复浸染。在夏秋季，气候冷凉、多雨、雾、露的高湿低温条件，或是地势低洼、种植密度大，都有利于此病的发生。

3. 防治措施

（1）种子消毒处理　50℃温水浸种20分钟后，立即移入冷水中冷却，晾干后播种。用50％福美双或50％多菌灵按种子重量的0.3％～0.5％进行拌种。

（2）注意清洁田园　与非十字花科蔬菜隔年轮作。

（3）加强田间管理　及时排除田间积水，合理施肥，增施磷钾肥，收获后深翻土地。

（4）发病初期进行喷药防治　用80％大生可湿性粉剂600～800倍液或20％施保克乳油1500～200倍液或20％龙克菌悬浮剂500～600倍液或70％甲基托布津可湿性粉剂1000倍液喷雾，连防2～3次，每隔7～10天喷1次。

（七）白菜黑腐病

白菜黑腐病俗称半边瘫。各地菜区都有发生，在不同年份为害程度不同，重发病时损失较重，在贮藏期可继续为害。除为害白菜外，还为害甘蓝、花椰菜、萝卜、芥菜和芜菁等十字花科蔬菜。

1. 症状识别　幼苗和成株期都可发病，症状特点是维管束坏死变黑。幼苗出土前染病导致出苗不齐。出土后染病，子叶呈水渍状，根髓部变黑，幼苗枯死或蔓延至真叶，使真叶叶脉上出现黑点状斑或黑色条纹。成株染病，引起叶斑或黑脉，多从叶缘或虫伤处向内扩展，形成"V"字形黄褐色枯斑，斑周围淡黄色，与健部界限不明显，有时病菌沿脉向里扩散，形成黄褐色斑或网状黑脉。病菌从伤口侵入时，可在叶片任何部位形成不规则的褐斑，扩展后致周围叶肉变褐枯死。叶柄发病，病菌沿维管束向上扩展，造成部分菜帮呈淡褐色干腐，致叶片歪向一边，有的产生枯死脱落，维管束变黑。病株的根和短缩茎往往坏死，空心或蜂窝状干腐。种株发病叶片脱落，花薹髓部变褐，全株枯死或结实不良。

2. 病原传播及发病规律　本病由黄单孢菌属细菌浸染引起。

病菌在种子上或随病残体遗留在土壤中或在采种株上越冬。种子带菌时,病菌从子叶边缘的水孔或伤口侵入,引起发病。病菌可从果柄维管束进入种荚使种子表面带菌,也可侵入种脐而使种皮带菌。再浸染主要通过病株、肥料、风雨、灌溉水或农具等传播蔓延。病菌在土壤中的病残体内可存留一年,在种子上可存活28个月。病菌生长发育最适温度为25℃~30℃。

棚内高温高湿、叶面结露、叶缘吐水,利于病菌侵入而发病。低洼地块、排水不良、浇水过多,则病害重。连作、肥水管理不当、植株徒长或早衰易发病。

3. 防治措施

(1) 选种或种子处理 从无病田或无病株上采种。种子消毒可用45%代森铵水剂300倍液浸种15~20分钟,冲洗后晾干播种。也可用35%瑞毒霉按种子重量的0.3%~0.5%拌种。

(2) 棚室栽培管理 注意通风透光,防止叶面结露,采用滴灌、膜下暗灌等措施,降低棚内湿度。

(3) 改进栽培管理 实行轮作,施用腐熟肥料,适期播种,合理密植,高畦栽培,雨后及时排水,注意防治虫害,拔除病株,秋后深翻。

(4) 发病初期进行喷药防治 用72%农用硫酸链霉素可溶性粉剂3000~4000倍液,或20%龙克菌悬浮剂500~600倍液,或47%加瑞农可湿性粉剂700~750倍液,或40%抑霉灵与福美双1:1混合500倍液喷雾,每隔7~10天喷1次,连喷2~3次。

(八) 白菜黑斑病

黑斑病在全国各地分布广泛,春秋两季发生普遍,流行年份,减产可达20%~50%。除为害大白菜外,还为害甘蓝、油菜、花椰菜、芥菜、萝卜等十字花科蔬菜。

1. 症状识别 主要为害叶片、叶柄,也可为害花梗和种荚。常见症状是叶片上形成圆形或近圆形病斑,病斑淡褐色,有明显的同心轮纹,病斑周缘明显,有些有黄色晕圈。发病严重时,表面出现一层黑色霉状物，病斑可融合成大的坏死斑。高温高湿状况下病斑穿孔。茎和叶柄受害时出现长菱形暗褐色病斑，潮湿时其上也产生黑褐色霉层。

2. 病原传播及发病规律　本病由半知菌亚门链格孢属真菌浸染所致。病菌以菌丝体及分生孢子在土壤中或病残体上越冬，也可在采种株及种子表面越冬，成为翌年田间初浸染源。分生孢子借风雨进行传播，从植株的表皮、气孔侵入为害。在温暖多湿的气候条件下发病严重。在蔬菜生长后期若大水漫灌，昼夜温差大，湿度高时，病情发展迅速。地势低洼、排水不良、土壤黏重、通风不良的地块易发病。

3. 防治措施

（1）种子处理

①温汤浸种　用50℃的温水浸种20分钟，立即移入冷水冷却，晾干后播种。

②药剂浸种　用50％代森铵水剂200倍液浸种15分钟，用清水冲洗后播种。用种子量0.2％～0.3％的50％扑海因拌种后播种。

（2）加强栽培管理　与非十字花科蔬菜轮作，清除病残体，收获后深翻土地，增施磷钾肥，施用腐熟有机肥。

（3）发病初期进行喷药防治　用10％世高水分散粒剂2000倍液，或75％达科宁可湿性粉剂400～500倍液，或70％代森锰锌可湿性粉剂800倍液，或50％多菌灵可湿性粉剂500～600倍液喷雾，间隔7～10天喷1次，连喷2～3次。

（九）白菜类根肿病

根肿病又名天冬根，在全国各地均有发生，发病严重的植株变黄萎蔫后枯死。除为害大白菜外，还为害甘蓝、油菜、花椰菜、芥菜、萝卜等十字花科蔬菜。

1. 症状识别　主要为害寄主植物根部，幼苗或成株均可被害。根部受害后，植株地上部生长发育缓慢，植株矮小。病株叶色变淡，凋萎下垂，初期白天萎蔫，晚间尚可恢复，后期不再恢复，在晴天中午前后尤为明显。典型的根部呈肿瘤状，其形状大小受着生部位影响较大。主根上的瘤多靠近上部，表面凹凸不平，粗糙，后期表皮开裂或不开裂。侧根上的瘤，多呈圆筒形，手指状。须根上的瘤，数目可达 20 余个，并串生在一起。发病后期，病部易被软腐细菌等浸染，造成组织腐烂或崩溃，散发臭气致整株死亡。

2. 病原传播及发病规律　根肿病是由鞭毛菌亚门根肿菌属真菌浸染后引发的。病菌以休眠孢子囊在土壤中或黏附在种子上越冬，可在土壤中存活 6～7 年。孢子囊借雨水、灌溉水、害虫及农事操作等传播，也可随病株或带菌泥土传播。在适宜条件下，萌发产生游动孢子，从寄主的根毛或侧根的伤口侵入寄主，刺激寄主细胞分裂，体积增大，长出肿瘤。酸性土壤适合根肿病菌的侵入和发育。地势低洼及水改旱或氧化钙（CaO）不足发病重。大白菜在苗期易感病，植株染病早受害重，菜株包心后染病，对产量影响不大。

3. 防治措施

（1）加强栽培管理　增施磷钾肥，施用腐熟有机肥。拔除病株并携出田外烧毁，在病穴四周撒消石灰，雨后排除积水。实行 3 年以上轮作，避免在低洼积水地或稻麦田改菜田或酸性土壤上种白菜。

（2）土壤处理　育苗移栽的白菜类蔬菜采用无病土育苗或播前用 75％甲醛溶液或五氯硝基苯消毒苗床。改良定植田的土壤，结合整地在酸性土中每 667 平方米施消石灰 100～150 千克，并增施有机肥。

（3）发病初期进行药剂防治　用 70％托布津可湿性粉剂 1000 倍液或 50％多菌灵可湿性粉剂 500 倍液，在定植时浇入穴内或在发病初期灌根，每株用药液 200 毫升。

（十）白菜菌核病

白菜菌核病又名菌核性软腐病。在东北地区该病的发生有逐渐扩大的趋势。多雨的早春和晚秋易发生菌核病。菌核病菌的寄主范围广。可为害多种十字花科蔬菜，以甘蓝和大白菜受害最重，此外还可浸染豆科、茄科、葫芦科的多种植物。

1. 症状识别　白菜从幼苗到成熟贮藏期间均可受害，在生长后期和留种株上发病较重。主要为害茎部、叶片或叶球、种荚。在靠近地表的茎、叶柄或叶片边缘开始发病，最初出现水渍状淡褐色的病斑，逐渐导致茎基部或叶球软腐，在高湿条件下，病部表面长出白色棉絮状菌丝体和黑色菌核。受害幼苗大田栽植后病情不断扩展，至抽薹后达高峰。病株茎秆上出现浅褐色凹陷病斑，后转为灰白色，皮层朽腐，纤维散离成乱麻状，茎腔中空，内生黑色鼠粪状菌核。种株多在花后发病，带病留种株移入田间后，常未开花就枯死。种荚受害后，病斑白色，呈不规则形。白菜受害轻的造成烂根，致发育不良或烂茎。植株矮小，产量降低。受害严重的茎秆折断，植株枯死。

2. 病原传播及发病规律　菌核病是由子囊菌亚门核盘菌属真菌浸染后引起的。病菌主要以菌核混在土壤中或附着在采种株上、混杂在种子间越冬或越夏。在春、秋两季多雨潮湿，菌核萌发，产生子囊盘放射出子囊孢子，借气流传播，浸染衰老的叶片和掉落的花瓣引起发病，病部长出菌丝和菌核，在田间主要以菌丝通过病健株或病健组织的接触进行再浸染，发病后期又形成菌核越冬。菌核形成后不需休眠，环境条件适宜即可萌发，气传的子囊孢子致病力强，从寄主的花、衰老叶或伤口侵入，以病健组织接触进行再浸染。菌丝不耐干燥，只有随病残体在湿土中才能生长。温暖高湿、排水不良、氮肥过量、田间郁闭有利于菌核病的发生。

3. 防治措施

（1）选用无病种子及进行种子处理　从无病株上采种，除掉混杂在种子中的菌核及病残体。播种前，用10％的盐水或10％～20％硫酸铵选种，清水冲洗晾干后播种。

（2）加强田间管理　与稻麦等禾本科作物进行隔年轮作；清除病残株，收获后及时翻耕土地，把子囊盘埋入土中；施足腐熟基肥，合理施用氮肥，增施磷钾肥。中耕除草，清除植株老叶和病叶。

（3）发病初期进行药剂防治　喷洒50％速克灵可湿性粉剂2000倍液，或40％施佳乐悬浮剂1000倍液，或50％农利灵可湿性粉剂1000倍液，或40％多·硫悬浮剂500～600倍液，或50％甲基硫菌灵500倍液，或20％甲基立枯磷乳油1000倍液，每隔10天左右喷1次，连喷2～3次。

（十一）十字花科蔬菜白锈病

白锈病在各地零星发生。多在纬度或海拔高的低温地区和低温年份发病重。为害植物除白菜类蔬菜外，还浸染芥菜类、根菜类等十字花科蔬菜。

1. 症状识别　白菜白锈病主要为害叶片。发病初期叶正面出现褪绿斑，在叶背面产生稍隆起的白色近圆形至不规则形疱疹，即孢子堆。其表面略有光泽，有的一片叶片上疱疹多达几十个，疱疹成熟后表皮破裂，散出白色粉状物，即病菌孢子囊。在叶正面显现黄绿色边缘不明晰的不规则斑，有时交链孢菌在其上腐生，致病斑转呈黑色。种株的茎、花梗和花器受害，致畸形弯曲肥大，其肉质茎也可见乳白色疱斑，成为本病的重要特征。

2. 病原传播及发病规律　白锈病是由鞭毛菌亚门白锈菌或大孢白锈菌属真菌浸染引起的。病菌以菌丝体或卵孢子在留种株或土壤中越冬。在适宜条件下，卵孢子萌发，产生孢子囊和游动孢子，孢子囊或游动孢子借雨水溅射到白菜下部叶片上，从气孔侵入，完成初浸染，然后病部不断产生孢子囊和游动孢子，进行再浸染，病害蔓延扩大，后期病菌在病组织里产生卵孢子越冬。

3. 防治措施

（1）加强栽培管理　与非十字花科蔬菜进行隔年轮作。蔬菜收获后，清除田间病残体，以减少菌源。

（2）发病初期进行喷药防治　喷洒 25％甲霜灵可湿性粉剂 800 倍液，或 50％甲霜铜可湿性粉剂 600 倍液，或 58％甲霜灵·锰锌可湿性粉剂 500 倍液，或 64％杀毒矾可湿性粉剂 500 倍液，每 667 平方米喷药液 50～60 升，每隔 10～15 天喷 1 次，喷施 1～2 次。

（十二）甘蓝黑胫病

甘蓝黑胫病又名根腐病、根朽病、黑根子病等。多发生在高温、高湿地区和季节，严重时引起死株，在苗床上发生的更加严重。此病除为害甘蓝外，还在白菜、油菜、花椰菜、芜菁、萝卜、结球甘蓝、芥蓝和芹菜等多种蔬菜上发生。

1. 症状识别　甘蓝从幼苗到贮存期均可受害发病。苗期发病，子叶、幼茎和真叶均出现灰色斑，边缘紫色，上生黑色小粒点，为分生孢子器；重时茎基部因溃疡容易折断，最后导致全株枯死。病苗移栽后，向茎基和根部蔓延，形成黑紫色条斑。成株期发病，叶上产生不定形或圆形病斑，中央灰白色，上生许多小黑点，茎易折断；重病株根腐朽，地上萎蔫。花梗、花荚上病状与茎上相似。贮藏期发病，叶球可发生干腐症状。将病茎或根部纵切，可见到变黑的维管束。

2. 病原传播及发病规律　该病是半知菌亚门黑胫茎点霉所致的真菌病害。病菌以菌丝体在种子、土壤或堆肥中的病残体上越冬，也可在带病的种株上及其他十字花科蔬菜上越冬。病菌在土壤中的病残体上可存活 2～3 年。翌年温度达 20℃左右时产生分生孢子，在田间主要靠雨水和昆虫传播。带病的种子播种后可直接侵害子叶造成发病，随后浸染幼茎。病菌侵入后，可以侵害薄壁组织和维管束，使病情扩展。高温高湿有利于病害发展。一般湿润多雨或雨后高温，病害容易流行。

3. 防治措施

（1）农业防治　与非十字花科蔬菜轮作 3 年以上。采用高垄或半高垄栽培，以利于排水。浇水不宜过多，密度不宜过大，早分苗、早定植，注意防止伤根。严格剔除病苗，可将其带出田外深埋或烧毁。选择 3 年以上未种过十字花科蔬菜的地作苗床。

（2）土壤处理　旧苗床应换用无病土或用药处理，40％福美双可湿性粉剂，按每平方米 8～10 克药剂，掺拌 30～40 千克半干的细干土，播种时撒于床面。

（3）无病留种或种子处理　采收无病种子或用 50℃温水浸泡种子 20 分钟灭菌。药剂拌种用 50％福美双或 30％琥珀酸铜（DT）可湿性粉剂，药剂为种子重量的 0.4％。

（4）采用化学防治　种蝇等地下害虫，要及时防治，可喷洒1.8％爱福丁乳油 3000 倍液。发病初期可喷 70％代森锰锌 400～500倍液，或 40％多硫悬浮剂 600 倍液，或 60％多福可湿性粉剂 600 倍液，或 50％多菌灵 600～800 倍液，或 75％百菌清 500～600 倍液，每周喷 1 次，连喷 3～4 次。喷植株时，要结合喷地面，以提高防效。

二、茄科蔬菜常见病害

（一）番茄病毒病

番茄病毒病又名疯秧、花叶、蕨叶病。全国番茄产区普遍发生，夏秋两季发病重。该病对番茄产量、果型、品质都有很大影响，一般年份减产 30％左右。

1. 症状识别　能浸染番茄的病毒种类较多，因此该病在田间表现的症状也较多。有时两种或两种以上的症状也同时出现在同一植株上。常见的症状有 3 种，即花叶、蕨叶、条斑坏死。

（1）花叶型　在苗期和成株期均可出现。发病轻的只在较嫩的叶片上出现深绿与浅绿相间的斑驳，叶片呈花叶状。发病重的叶片凹凸不平，皱缩扭曲，畸形变小，嫩叶上花叶明显，植株矮化，浆果小且多斑块，呈花脸状。

（2）蕨叶型　植株不同程度矮化，节间短。幼叶细长或螺旋形下卷，上部叶片全部或部分变成线状，叶生长缓慢，甚至不长叶肉，只剩下主脉。中下部叶片向上微卷，花冠加长增大，形成巨花。苗期发病，不能坐果，成株发病，只结小果。

（3）条斑型　可发生在叶、茎、果上，病斑形状因发生部位不同而异。叶片发病，上部叶片为红褐色或黑褐色坏死条斑，叶片上的病斑可沿叶柄蔓延至茎秆，引起茎秆发病，茎秆上中部初生暗绿色下陷的短条纹，后变为褐色坏死斑，病茎脆易折断，黑色枯斑向下蔓延 20～30 厘米时，整株番茄枯萎死亡。果实发病，外面散布不规则性坏死斑，病果畸形。条斑型在强光与高温下易发生。

2. 病原传播及发病规律　该病在我国主要有 6 种病毒毒原：烟草花叶病毒、黄瓜花叶病毒、马铃薯 X 病毒、马铃薯 Y 病毒、烟草蚀纹病毒、苜蓿花叶病毒。病毒可以在病组织、种子，以及一些野生植物或杂草上越冬，温室内病毒在活体植株上传播存活。烟草花叶病毒靠摩擦接触浸染。农事操作不当在植株上造成伤口给病毒侵入寄主提供有利的机会。黄瓜花叶病毒随蚜虫取食传播。病毒病的发生与温度关系密切。高温干旱，蚜虫繁殖快，有翅蚜迁飞加速病毒传播，植株发病快。土壤贫瘠、缺钙钾等元素时，花叶病发生重。排水不良，追肥不及时、播种过晚、雨后暴晴有利于病毒病的发生。

3. 防治措施

（1）选用抗病品种　如强丰、旱丰、中蔬 4 号、佳粉 10 号、沈粉 1 号等。

（2）种子消毒　用 10％磷酸三钠浸种 20～30 分钟，经清水冲洗后催芽播种。或在 55℃温水中浸泡 15～20 分钟。

（3）加强栽培管理　适时早播，苗期定植一周前可用矮壮素灌根。施用腐熟有机肥，增施磷钾肥，及时浇水，及时中耕锄草。农事操作避免碰伤植株。清除病株，收获后深翻土地。

（4）治蚜防病　利用银色反光膜驱蚜。蚜虫发生盛期喷药治蚜。

（5）发病初期进行药剂防治　用 20％病毒 A 可湿性粉剂 500 倍液，或 1.5％植病灵乳油 1000 倍液，或 5％菌毒清可湿性粉剂

400 倍液，或 95％病毒毙克可湿性粉剂 500～600 倍液，喷雾，连喷 2～3 次，间隔 10 天左右。

（二）番茄晚疫病

番茄晚疫病在我国普遍发生。在露地和保护地都有发生，发病后扩展迅速，病株提早枯死，一般减产 5％～10％，流行年份减产 20％～30％。该病除为害番茄外，还可为害茄子、辣椒和马铃薯等蔬菜作物。

1. **症状识别**　番茄地上部分均可受害，以叶和青果受害严重。幼苗染病，病斑由叶片向主茎蔓延，使茎变细并呈黑褐色，致全株萎蔫或折倒，湿度大时表面生白霉。叶片染病，多从植株下部叶尖或叶缘开始发病，初为暗绿色、边界不明显的水浸状不规则病斑，扩大后转为褐色。高湿时，叶背病健交界处长白霉。茎及叶柄发病，病斑呈黑色腐败状，很快绕茎及叶柄一周呈软腐状缢缩，长少量白霉，病茎易折断。果实染病主要发生在青果上，病斑初呈油浸状暗绿色，后变成暗褐色至棕褐色，稍凹陷，边缘明显，云纹不规则，果实一般不变软，湿度大时其上长少量白霉，迅速腐烂。

2. **病原传播及发病规律**　该病由鞭毛菌亚门疫霉属真菌浸染所致。病菌以菌丝体在果实或活体植株上存活越冬，也可以卵孢子在土壤中越冬。从气孔或表皮直接侵入番茄，被浸染后形成中心病株，病株上产生孢子囊，借气流和雨水传播，形成再浸染。低温高湿是病害流行的主导因素。有水滴或水膜、地势低洼、排水不良、土壤贫瘠的地块发病重。连作、栽植过密、偏施氮肥有利于该病的发生。

3. **防治措施**

（1）选用抗病品种　如中杂 4 号、中蔬 4 号、中蔬 5 号、佳红等。

（2）加强栽培管理　与非茄科作物实行 2～3 年以上的轮作。氮磷钾肥配合施用。及时整枝打杈和绑架，摘除底部病叶和老叶。加强通风，高垄栽植，雨后及时排水。保护地浇水实行膜下暗浇，控制湿度。

（3）发病初期进行药剂防治　喷洒72.2%普力克水剂800倍液，或72%克露可湿性粉剂700～800倍液，或25%瑞毒霉可湿性粉剂300～400倍液，或64%杀毒矾可湿性粉剂600倍液，或70%乙磷·锰锌可湿性粉剂500倍液，每5～7天喷1次，连喷3～4次。阴雨天每667平方米可用5%百菌清粉尘剂1千克喷粉，或用45%百菌清烟雾剂250克喷施。

（三）番茄早疫病

番茄早疫病又名轮纹病、夏疫病。全国各地均有发生。保护地和露地都有发生。一般减产5%，严重的减产20%。此病除为害番茄外，还为害茄子、辣椒和马铃薯等蔬菜作物。

1. 症状识别　苗期、成株期均可染病。主要侵害叶、茎、果。底部叶片首先发病，后向上扩展。叶片初期出现圆形的小黑点，后扩展为同心轮纹斑，深褐色或黑褐色，边缘多具浅绿色或黄色晕环，病斑可联合形成较大的病斑，发病严重时，植株下部叶片枯死。潮湿时，病斑上产生黑色茸毛状霉层，轮纹表面有毛刺状隆起物。茎部染病，多在分枝处产生褐色至深褐色不规则圆形或椭圆形病斑，稍凹陷，表面生黑霉，病枝易折断。果实染病，始于果蒂裂缝处开始发病，形成椭圆形或不定形褐色或黑色斑，稍凹陷，后期果实开裂，病部较硬，有同心轮纹，密生黑色霉层。病果易开裂，常提早变红。

2. 病原传播及发病规律　该病由半知菌亚门链格孢属真菌浸染所致。病菌以菌丝体或分生孢子在病残体上越冬，还可以分生孢子在种子表面越冬。病菌一般从气孔或伤口侵入，也可以直接浸染胚轴而扩展到茎和叶。适宜的气候条件卜，产生的分生孢子借风雨气流传播。高温高湿是发病的有利条件。重茬地块、栽植过密、排灌不良的地块植株发病重。多在结果初期发生，结果盛期发病严重。

3. 防治措施

（1）选用抗病品种　如荷兰 5 号、矮立红、奥胜等。

（2）从无病株留种及进行种子处理　从健康的植株上采种。种子处理可用 52℃温水浸泡 30 分钟，阴干后催芽播种。

（3）加强栽培管理　与非茄科作物实行 2～3 年以上的轮作。合理密植，施足基肥，氮磷钾肥配合施用，培育壮苗。及时整枝打杈和绑架，摘除底部病叶老叶。高垄栽植，雨后及时排水。浇水实行膜下暗灌，注意通风排湿。

（4）发病初期进行药剂防治　可用 50％扑海因可湿性粉剂 1000～1500 倍液，或 75％百菌清可湿性粉剂 600 倍液，或 58％甲霜灵锰锌可湿性粉剂 500 倍液，或 70％代森锰锌可湿性粉剂 500 倍液，或 50％多菌灵可湿性粉剂 500 倍液，或 50％甲基托布津可湿性粉剂 800 倍，各种药剂交替使用。每隔 7～10 天喷 1 次，连续喷 2～3 次。还可使用 5％的百菌清粉尘剂，或 45％百菌清，或 10％速克灵烟剂。

（四）番茄叶霉病

番茄叶霉病俗称黑毛。吉林省番茄种植区普遍发生，保护地发病重。发病后叶片变黄枯萎，影响番茄产量和品质，一般减产 5％～10％。

1. 症状识别　主要为害叶片，严重时也为害茎、花和果实。叶片染病，叶面出现不规则形或椭圆形淡黄色褪绿斑，叶背病部初生白色霉层。后霉层变为灰褐色或黑褐色绒状，即病菌分生孢子梗和分生孢子。条件适宜时，病斑正面也长出黑霉，随病情扩展，叶片由下向上逐渐卷曲，植株呈黄褐色干枯。果实染病，果蒂附近或果面形成黑色圆形或不规则形斑块，硬块凹陷，不能食用。嫩茎或果柄染病，症状与叶片类似。花受害，可引起花器凋萎或幼果脱落。

2. 病原传播及发病规律　该病由半知菌亚门褐孢霉属真菌浸染引起。以菌丝体和菌丝块在病残体内越冬，或以分生孢子附着在种子上，或以菌丝潜伏在种皮内越冬。翌年如遇适宜条件，病部产生分生孢子，借气流传播，叶面有水湿条件即萌发，从幼苗或成株叶背面气孔、萼片、花梗等部位侵入，形成病斑，生长分生孢子后进行再浸染。病菌进入子房可以潜伏在种皮内，如播种带病种子，幼苗即染病。温湿度对叶霉病影响很大，湿度是主要因素。湿度大、栽植过密、通风不畅、排水不良、阴雨天气易发生该病。

3. 防治措施

（1）选用抗病品种　如佳粉3号、中杂7号、双抗2号等。

（2）选用无病害种子及进行种子处理　从健康植株上留种。播前种子可用52℃温水浸种30分钟，晾干播种。或用种子重量0.4%的50%克菌丹拌种。

（3）加强栽培管理　发病重地块应实行3年以上轮作。加强棚内温湿度管理，适时通风、适当控制浇水、及时整枝打杈、摘除病叶老叶、增施磷钾肥、避免氮肥过多，提高植株抗病力。

（4）熏蒸处理　保护地于定植前用硫黄粉熏蒸大棚或温室，每55立方米空间，用硫黄0.13千克、锯末0.25千克，于定植前密闭大棚使棚内温度升至20℃后，分成几处熏蒸，点燃后密闭棚室，熏24小时。

（5）发病初期进行药剂防治　用45%百菌清烟剂每667平方米250克，熏1夜。傍晚喷撒7%叶霉净粉尘剂，或5%加瑞农粉尘剂，或6.5%甲霉灵超细粉尘剂，或10%敌托粉尘剂，每667平方米1千克，每隔8～10天喷撒1次，连续或交替轮换使用。也可用50%扑海因可湿性粉剂1000～1500倍液，或40%百可得可湿性粉剂600倍液，每隔7～10天喷1次，连喷2～3次。

（五）番茄灰霉病

番茄灰霉病在全国各地普遍发生，保护地发病重。病果提早脱落、腐烂，完全失去食用价值。一般减产10%～20%，严重的减产40%～50%。该病除为害番茄外，还可为害黄瓜、南瓜、茄子、辣椒、韭菜等多种蔬菜。

1. 症状识别　主要为害花、果实、叶片、茎。果实以青果受害较重，残留的柱头或花瓣多先被浸染，后向果面或果柄扩展，致果皮呈灰白色，软腐，病部长出大量灰绿色霉层，果实失水后僵化。叶片多从叶尖开始染病，病斑呈"V"字形向内扩展，初为水浸状，浅褐色，边缘不规则，具深浅相间轮纹，表面生有灰霉，致叶片枯死。茎部染病，开始呈水浸状小点，后扩展为长椭圆形或长条形斑，湿度大时病株上长出灰褐色霉层，严重时引起病部以上枯死。

2. 病原传播及发病规律　该病由半知菌亚门葡萄孢属真菌浸染引起。病菌以菌丝或分生孢子在病残体上越冬，也可以菌核在土壤中越冬。条件适宜时，萌发产生分生孢子，靠气流、雨水和农事操作传播。病菌从植株的伤口或衰老的器官组织上侵入。花期是浸染高峰期，人工蘸花可以传播病害。低温高湿是影响灰霉病发生的主要因素。阴雨天气、通风不良、管理不当、密度过大，都有利于该病的发生。

3. 防治措施

(1) 加强栽培管理　轮作倒茬、采用高垄或半高垄，浇水选晴天上午，膜下暗浇，浇水后加强通风，及时中耕，增施磷钾肥，摘除病果、病叶、病枝，蘸花15天后摘除残留的花瓣和株头。

(2) 生态防治　实行变温管理。晴天上午晚放风，使棚温迅速升高，当棚温升至33℃时，再开始放顶风。当温度降至25℃时，中午继续放风，使下午棚温保持在20℃～25℃，棚温降至20℃时关闭通风口以减缓夜间棚温下降，夜间棚温保持在15℃～17℃，阴天也要进行短期通风排湿。

(3) 发病初期进行药剂防治　苗期和定植前棚内用10％速克灵烟剂熏（每667平方米500克），定植缓苗后可用50％速克灵可湿性粉剂1000～1500倍液，或50％扑海因可湿性粉剂1500倍液，或50％百菌清可湿性粉剂800倍液，或70％代森锰锌可湿性粉剂 500 倍，交替使用上述药剂，每隔 7～10 天喷 1 次，连喷 2～3次。也可用 45％百菌清烟剂于傍晚时进行熏蒸（每 667 平方米 300 克）。

（六）番茄溃疡病

番茄溃疡病在部分地区零星发生。此病为害大、损失重。除为害番茄外，还可为害辣椒、龙葵等植物。

1. 症状识别　番茄幼苗至结果期均可发生溃疡病。幼苗染病始于叶缘，由下部向上逐渐萎蔫，有的在胚轴或叶柄处产生溃疡状凹陷条斑，致病株矮化或枯死。成株染病，病菌在韧皮部及髓部迅速扩展，病初下部叶片凋萎或卷缩，茎内部变褐，并可由一节扩展到几节，后期产生长短不一的空腔，最后下陷或开裂，茎略变粗，生出许多不定根。多雨或湿度大时菌脓从病茎或叶柄中溢出或附在其上，形成白色污状物，最后全株枯死，上部顶叶呈青枯状。果柄受害多由茎扩展进去，其韧皮部及髓部出现褐色腐烂，一直可伸延到果内，致幼果皱缩、滞育、畸形和种子带菌。有时引起局部浸染，萼片表面生坏死斑，果面可见略隆起的白色圆点，中央为褐色木栓化突起，称为"鸟眼斑"，有时连在一起形成不定形的病区。

2. 病原传播及发病规律　该病由厚壁菌门棒杆菌属细菌浸染引起。病菌可在种子内外及病残体上越冬，并可随病残体在土壤中存活 2～3 年。主要由各种伤口侵入，包括损伤的叶片、幼根，也可从植株茎部或花柄处侵入，致种子内带菌。当病健果混合采收时，病菌会污染种子。病菌也可从叶片毛状及幼嫩果实表皮直接侵入。本病远距离传播主要靠种子、种苗及未加工果实的调运；近距离传播主要靠雨水或灌溉水，特别是连阴雨和暴风雨，通过分苗移栽、整枝、打杈等农事操作进行传播蔓延。温暖潮湿，结露持续时间长及暴雨多时，发病重。

3. 防治措施

（1）选育抗病品种　如中蔬 4 号，强丰，佳粉 1 号，佳粉 2

号，早粉，东农 704 等。

（2）选用无病种子或种子消毒　建立无病留种地，从无病株采种，必要时用 55℃ 温水浸种 30 分钟，或 70℃ 干热灭菌 72 小时，或 5％ 盐酸浸 5～10 小时，或 1.05％ 次氯酸钠浸 20～40 分钟，或硫酸链霉素 200 毫克/千克浸 2 小时后，冲净晾干后催芽。

（3）使用新苗床或采用营养钵育苗　旧苗床用 40％ 甲醛溶液 30 毫升加 3～4 升水消毒，用塑料膜盖 5 天，揭开后过 15 天再播种。

（4）实行轮作，及时除草　与非茄科作物实行 3 年以上轮作，及时除草，避免带露水操作。

（5）药剂防治　发现病株及时拔除，全田喷洒 14％ 络氨铜水剂 300 倍液，或 77％ 可杀得可湿性微粒粉剂 500 倍液，或 47％ 加瑞农可湿性粉剂 600 倍液，或 1∶1∶200 波尔多液，或 50％ 琥胶肥酸铜可湿性粉剂 500 倍液。

（七）番茄脐腐病

番茄脐腐病又名蒂腐病、顶腐病、黑膏病，是番茄栽培生产中易发生的一种生理性病害。露地番茄天旱缺水时发病重，损失较大。设施栽培番茄时，大水漫灌易诱发此病。病果提早脱落，不堪食用。

1. 症状识别　脐腐病从番茄幼果期到着色成熟前的青果期均会发生，以青果期最易染病。病斑只发生在果实顶端的脐部，病部初为水渍状暗绿色，随后变为直径 1～2 厘米的暗褐色坏死斑，严重时扩展到小半个果实。病部呈干腐状收缩，脐部凹陷，表皮呈革状皱缩，龟裂。在干燥时病部为革质，后期病部被腐生霉菌寄生，遇到潮湿条件，表面生出各种霉层，常为白色、粉红色或黑色。果实的商品性明显下降。病果健康部分常提早变红，果皮柔韧、无光，失去食用价值。一般同一花序上的果实几乎同时发病，并多发生在第一二穗果上。

2. 病因及发病规律　番茄脐腐病是一种由水分供应失调引起的生理性病害。番茄果实膨大期需要有大量的水分供应。果实的脐部是水分蒸腾作用最弱的部位，而钙的输送主要靠水分蒸腾作用把它带到果实。在高温干旱或供水不及时的情况下，根部吸收的水分不能满足叶片大量蒸腾的需要，以致果实得不到水分的供应，特别是果脐部所需的大量水分被叶片夺走，影响了钙离子从土壤向果实的运输，导致生长发育受阻，生理功能失调，形成脐腐。阴雨天气或浇水过多时，空气湿度过大，植株蒸腾作用减弱，果实内的水移动性差，钙离子的运输受到影响。当果实含钙量低于 0.2% 时，脐部细胞生理紊乱，失去控制水分能力而发生坏死，形成脐腐。久旱后如果大量浇水，由于蒂部细胞膨压过大，细胞过量充水而使细胞破裂最后变色坏死。在多数的情况下土壤中不缺乏钙元素，主要是土壤中氮肥等化学肥料使用过多，使土壤溶液过浓，钙素吸收受到影响。因此，水分过少、过多都会影响番茄对钙的活化和利用，导致植株过量吸水，最终都会引发脐腐病。

3. 防治措施

（1）选用抗病品种　选用果皮较厚、果面光滑、花痕较小、果顶较尖的抗病品种。

（2）选择沙壤土　选择富含有机质、表土层厚、保水力强的沙壤土种植番茄，酸性土壤每 667 平方米施 50～75 千克石灰降酸增钙。

（3）采用地膜或遮阳网覆盖　保持土壤水分的相对稳定，减少土壤中钙的流失，减少植株水分过分的蒸腾。

（4）合理灌溉　适量及时灌水，在第 1 穗果膨大前要控水促根，在番茄果实膨大期，果如鸡蛋大小时适量灌溉，保持土壤湿润状态而又不积水过多或通气不良；灌水宜在清晨或傍晚进行，灌水后及时通风，降低空气湿度，促进植株蒸腾。

（5）平衡施肥　基肥要施足充分腐熟的有机肥。追肥要尽量使用复合肥或腐熟的粪肥，不可偏施氮肥。坐果后可喷洒 1% 的过磷酸钙或 0.5% 氯化钙加 5 毫克/千克萘乙酸防治。

（6）采用根外追施钙肥技术　结果后 1 个月内，可喷洒 1%

的过磷酸钙，或 0.5％氯化钙加 5 毫克/千克萘乙酸，或 0.1％硝酸钙。从初花期开始，每隔 10～15 天喷 1 次，连续喷洒 2～3 次。使用氯化钙及硝酸钙时，不可与含硫的农药及磷酸盐（如磷酸二氢钾）混用，以免产生沉淀。

（八）番茄青枯病

番茄青枯病在部分地区发生。番茄受害后，幼苗生长和产量受到影响。一般减产 5％～10％，流行年份减产 20％～30％。该病除为害番茄外，还可为害茄子和马铃薯等蔬菜作物。

1. 症状识别　番茄株高 30 厘米左右，青枯病株开始显症，先是顶端叶片萎蔫下垂，后下部叶片凋萎，中部叶片最后凋萎，也有一侧叶片先萎蔫或整株叶片同时萎蔫的。发病初期，病株白天萎蔫，傍晚复原，病叶变浅绿。病茎表皮粗糙，茎中下部增生不定根或不定芽，湿度大时，病茎上可见初为水浸状后变褐色的 1～2 厘米斑块，病茎维管束变为褐色，横切病茎，用手挤压或经保湿，切面上维管束溢出白色菌液。病程进展迅速，严重的病株经 7～8 天即死亡，这是本病与枯萎病相区别的两个重要特征。

2. 病原传播及发病规律　该病由假单胞菌属细菌浸染引起。病原细菌主要随病残体留在田间或在马铃薯块上越冬，无寄主时，病菌可在土中营腐生生活长达 14 个月，甚至 6 年之久，成为该病主要初浸染源。该菌主要通过雨水和灌溉水传播，病薯块及带菌肥料也可带菌，病菌从根部或茎基部伤口侵入，在菜株体内的维管束组织中扩展，造成导管堵塞及细胞中毒致叶片萎蔫。病菌也可透过导管进入邻近的薄壁细胞内，使茎出现不规则斑。土壤微酸性、连作、植株生长不良、久雨或大雨后转晴发病重。

3. 防治措施

（1）实行轮作　与禾本科作物进行 4 年以上轮作，最好进行水旱轮作。

（2）选用抗青枯病品种　如抗青 19 号、夏星、洪抗 1 号、洪抗 2 号、28A、蜀早 3 号、湘番茄 1 号、秋星、湘引等。

（3）加强栽培管理 选择无病地育苗，采用高畦栽培，避免大水漫灌。清除病株后，撒生石灰消毒。加强栽培管理，采用配方施肥技术，施用充分腐熟的有机肥或草木灰，调节土壤酸碱度。

（4）发病初期进行药剂防治 用青枯病拮抗菌MA－7，于定植时大苗浸根；也可在发病初期用72％农用硫酸链霉素可溶性粉剂4000倍液，或农抗"401"500倍液，或77％可杀得可湿性微粒粉剂400～500倍液，或12％绿乳铜乳油500倍液，或50％百菌通可湿性粉剂400倍液灌根，每株灌对好的药液0.3～0.5升，每隔10天灌1次，连续灌2～3次。

（九）番茄枯萎病

番茄枯萎病在部分地区发生。番茄受害后，一般减产25％左右。在自然条件下仅为害番茄。

1.症状识别 该病主要为害植株根部，开花结果期始发，病初植株下部叶片发黄，变褐后枯死，有的半个叶序或半边叶变黄枯死。剖开病茎，可见维管束变褐。湿度大时，病部产生粉红色霉层。本病的病程进展较慢，一般15～30天才枯死，无乳白色黏液流出，区别于青枯病。

2.病原传播及发病规律 该病由半知菌亚门尖镰孢菌属真菌浸染引起。以菌丝体或厚垣孢子随病残体在土壤中或附着在种子上越冬。一般从幼根或伤口侵入寄主，进入维管束，堵塞导管，并产出有毒物质——镰刀菌素，导致病株叶片黄枯而死。病菌通过水流或灌溉水传播蔓延，土壤潮湿、连作地、移栽或中耕时伤根多、植株生长势弱的发病重。此外，酸性土壤及线虫取食造成伤口利于本病发生。

3.防治措施

（1）轮作及合理施肥 实行3年以上轮作，施用充分腐熟的有机肥，采用配方施肥技术，适当增施钾肥，提高植株抗病力。

（2）选用耐病品种 如苏抗5号、西安大红、蜀早3号、渝抗 4 号、皖红 1 号、满丝等。

（3）采用新土育苗或床土消毒　每平方米床面用 50％多菌灵可湿性粉剂 8～10 克，加细土 4～5 千克拌匀，先将 1/3 药土撒在畦面上，然后播种，再把其余药土覆在种子上。

（4）种子消毒　用 0.1％硫酸铜浸种 5 分钟，洗净后催芽，播种。

（5）发病初期进行药剂防治　发病初期喷洒 30％绿叶丹可湿性粉剂 500～1000 倍液，或 50％多菌灵可湿性粉剂，或 36％甲基硫菌灵悬浮剂 500 倍液，此外可用 10％双效灵水剂或 12.5％增效多菌灵浓可溶剂 200 倍液灌根，每株灌对好的药液 100 毫升，每隔 7～10 天灌 1 次，连灌 3～4 次。

（十）茄子黄萎病

茄子黄萎病又名凋萎病、半边疯。在各地普遍发生。一般发病率为 30％～40％，减产 20％～30％，严重时甚至绝收。除为害茄子外，还可为害番茄、辣椒、马铃薯、瓜类、棉花、烟草等多种植物。

1. 症状识别　在现蕾期开始发病，田间显症多在门茄坐果期。多为自下而上或从一边向全株发展，叶片初在叶缘及叶脉间变黄，后发展至半边叶片或整片叶变黄，早期病叶晴天高温时呈萎蔫状，早晚尚可恢复，后期叶片由黄变褐，严重时全株叶片变褐凋落以至脱光仅剩茎秆。本病为全株性病害，剖检病株根茎、分枝及叶柄，均可见维管束变褐。症状表现可分为 3 种类型：

（1）枯死型　植株矮化明显，叶片皱缩、凋萎、枯死、脱落，病情扩展快，常致植株死亡。

（2）黄斑型　植株稍矮化，叶片由下向上形成掌状黄斑，仅下部叶片枯死，植株一般不死亡。

（3）黄色斑驳型　矮化不明显，仅少数叶片有黄色斑驳或叶尖、叶缘有枯斑，叶片不枯死。

2. 病原传播及发病规律　该病由半知菌亚门轮枝菌属真菌浸染引起。病菌以菌丝、厚垣孢子和微菌核随病残体在土壤中越冬，也能以菌丝体和分生孢子在种子内越冬。在土中可存活 6～8 年，微菌核可存活 14 年。病菌从根部伤口或幼根表皮直接侵入寄主，发病后短期内病菌就可随液流扩散至全株引起系统浸染，维管束变褐致全株死亡。分生孢子产生在病株体内，同茬作物不能引起再浸染。病菌随气流、雨水、人畜和农具等传播。湿度高、地势低洼、土壤黏重或多雨年份发病重。施用未腐熟有机肥不熟、连作、浇水不当、伤根多易发病。

3. 防治措施

（1）选用抗耐病品种 如许昌紫茄、昆明紫茄、辽宁紫长茄、黑龙江齐茄 3 号等。

（2）使用健康种子或种子处理 从无病留种基地或无病株采种。种子播前用 40％甲醛 300 倍液浸泡 15 分钟或 55℃温水浸种 15 分钟，洗净后催芽播种。

（3）加强栽培管理 与茄科或瓜类以外的作物实行 4～5 年的轮作，水旱轮作 1 年就可以。床土消毒，用 50％多菌灵 8～10 克加 5～6 千克拌干细土拌匀，均匀撒在苗床上，耙入土中，浇水覆膜 10 天后播种。施用腐熟有机肥。避免用过冷井水浇灌。保护地及时通风。

（4）发病初期进行药剂防治 用 50％多菌灵 500 倍液或 50％苯菌灵 1000 倍液，灌根 500 克/株，每隔 10 天灌 1 次，连灌 2～3 次。

（十一）茄子绵疫病

茄子绵疫病又名疫病。在全国各地普遍发生，在适宜条件下可流行成灾，导致果实大量腐烂。一般年份病果率在 20％～30％，严重时烂果率在 50％以上。除为害茄子外，还为害番茄、辣椒、马铃薯、冬瓜、黄瓜等多种植物。

1. 症状识别 从幼苗到成株期均可发生。主要为害果实，也可以浸染叶、茎、花器等部位。茄子在田间生长直至采收贮存期间都可受害。近地面果实先发病，受害果初期为水浸状圆形斑点，后稍凹陷腐烂，变黑褐色，易脱落。湿度大时，病部长出茂密的白色棉絮状菌丝，迅速扩展，病果果肉内部变黑腐烂，易提早脱落。叶片被害后，产生不规则的水浸状褐色病斑，有明显轮纹，天气潮湿时产生白霉，天气干燥时停止扩展，干枯易脆裂。茎部染病初呈水浸状，后变暗褐色或紫褐色，其上部枝叶萎蔫，湿度大时生稀疏白霉，幼苗被害引起猝倒。花常在发病盛期受害，呈水浸状腐烂，沿花梗蔓延至嫩枝，使嫩枝变褐、腐烂、缢缩以致折断，潮湿时也产生白霉。

2. 病原传播及发病规律　该病由鞭毛菌亚门疫霉属真菌浸染引起。病菌主要以卵孢子随病残体在土壤中越冬，在土壤中可存活 3～4 年。条件适宜时，越冬病菌可直接浸染幼苗的茎部使幼苗发病。田间主要借雨水溅到近地面果实的表皮，萌发后直接穿透表皮侵入寄主内部。发病后病部产生繁殖体，借风、雨和流水传播。高温多雨、地势低洼、土壤黏重、雨后水淹利于发病。

3. 防治措施

(1) 选用抗病品种　圆形品种较为抗病，如竹丝茄、紫圆茄罐茄、吉林羊角等。

(2) 实行轮作　避免与茄科植物轮作。葱蒜茬口较好。

(3) 加强田间管理　选地势高地块种植，高畦栽培。施足底肥，地膜覆盖，增施磷钾肥。雨后及时排水。摘除老叶、病果，清除地面烂果。

(4) 发病初期进行药剂防治　喷洒 75%百菌清 500 倍液，或 70%乙膦·锰锌可湿性粉剂 500 倍液，或 58%甲霜灵锰锌 500 倍液，或 64%杀毒矾 500 倍液，或 72.2%普力克 800 倍液，每隔 7～10 天喷 1 次，连续防 2～3 次。保护地还可使用 45%百菌清或疫霉净烟剂，或喷施 5%百菌清粉尘剂。

(十二) 茄子褐纹病

茄子褐纹病又名褐腐病、干腐病。在全国各地普遍发生，北方发病较重。常引起死苗、叶斑、枯枝和果腐。采种田病果率为

40％～50％，严重的高达 80％。

1. 症状识别　茄子苗期、成熟期均可被害。主要为害果实，也可浸染叶和茎秆。幼苗染病，茎基部出现水浸状病斑，后变褐色凹陷并缢缩，致幼苗死亡。叶片上初生苍白色小点，扩大后呈近圆形或多角形，边缘深褐，中央浅褐或灰白，有轮纹，上生大量黑点，病斑干燥时易脆裂。茎一般在茎基部发病较重，病斑边缘深褐，中间浅褐或灰白，稍凹陷，上有黑点，后期组织干腐，皮层脱落露出木质部，易折断。果实受害，初期产生淡褐色圆斑，稍凹陷，扩展后呈暗褐色常互相联合，表面出现同心轮纹，上生小黑点。潮湿条件下，常落在地上腐烂或挂在枝上干缩成僵果。

2. 病原传播及发病规律　该病由半知菌亚门拟茎点霉属真菌浸染引起。病菌以菌丝体或分生孢子器在病残体上或种子上越冬。病菌在种子内可存活 2 年，在土壤中可存活 2 年以上。种子带菌是引起幼苗猝倒的主要原因，病残体带菌常引起茎部溃疡。病部产生的分生孢子借风雨、昆虫及田间农事操作等途径传播。萌发后可直接穿过表皮侵入，也可以从伤口侵入，病菌为害扩展速度很快。阴雨连绵、结露、田块低洼、土壤黏重及排水不良病害易发生和流行，多年连作、栽植过密、幼苗瘦弱、偏施氮肥则发病重。

3. 防治措施

（1）选用抗耐病品种　茄果长形，果皮白色或绿色较抗病。

（2）选用无病种子或种子处理　从无病田或健康植株上留种。种子消毒用 55℃温水浸种 15 分钟或 40％甲醛 300 倍液浸种 15 分钟，清水冲洗后催芽播种。

（3）轮作　与非茄科作物实行 4～5 年轮作。

（4）加强栽培管理　老苗床用 50％多菌灵或 50％福美双粉剂消毒。使用腐熟有机肥，及时追肥。行间盖草，雨后及时排水，避免大水漫灌。摘除病枝、病叶、病果，带出田外烧毁。

（5）发病初期进行药剂防治　可用 75％百菌清 600 倍液，或 58％甲霜灵锰锌粉剂 500 倍液，或 64％杀毒矾 500 倍液，或 50％苯菌灵 800 倍液，每隔 7～10 天喷 1 次，连续喷 2～3 次。为防止幼苗受害，定植后在定植穴附近撒施草木灰或熟石灰粉。

（十三）辣（甜）椒疫病

辣（甜）椒疫病在全国各地普遍发生。露地和保护地均有发生，一般病株率在 20％左右。严重发生时常导致植株成片死亡，损失较大。除浸染辣椒外，还可为害番茄、茄子、甜瓜、黄瓜、豇豆等多种植物。

1. 症状识别　从苗期至成株期都可受害，茎、叶、果实等部位均受浸染。苗期发病，先在茎基部形成暗绿色水渍状病斑，迅速缢缩呈猝倒或软腐症状。茎和枝杈染病，病斑初为水渍状，后扩展为环绕表皮的褐色到黑褐色条斑，病部以上枝叶迅速凋萎。叶片受害的症状为边缘黄绿色、中央暗褐色的圆形或近圆形病斑。果实受害，先从蒂部侵入，初生暗绿色水渍状病斑，果实迅速软腐，在高湿条件下，病果表面着生白色霉层。干燥后病果变为暗褐色的僵果。

2. 病原传播及发病规律　此病是由鞭毛菌亚门疫霉属真菌感染引起。病菌主要以卵孢子和厚垣孢子在病残体中或土壤中越冬，卵孢子随病残体在土中可存活 3 年。条件适合时萌发浸染寄主植物的根系或地下部分，发病后病部形成孢子囊，借雨水或灌溉水传播到植物地上茎、叶及果实上。植物的伤口更有利于病菌的侵入。在雨季或大雨后转晴的高温、高湿环境条件下，病害可流行。灌水量大、次数多，病害蔓延迅速。地势低洼积水、栽植过密、连作或连片种植、施用未腐熟有机肥均有利于该病的发生和流行。

3. 防治措施

（1）选用抗耐病品种　如湘研 4 号、湘研 5 号、沈椒 2 号杂种 1 代 9188 等。

（2）实行轮作　实行与菜粮、菜豆3年以上轮作，收获后及时清洁田园，翻耕土地。

（3）农业防治　推广高畦种植，雨后及时清沟排水，培育壮苗，适度蹲苗，施腐熟有机肥，配方施肥。选用无病新土育苗，发现病株及时排除，收获后清除病残体。

（4）种子处理　先将种子经52℃温水浸种30分钟或用清水预浸10～12小时后，用1%硫酸铜浸种10分钟，捞起后拌少量草木灰，即可播种。用72.2%普力克水剂浸种12小时，捞出洗净晾干后，催芽播种。

（5）发病初期进行药剂防治　用68%金雷水分散粒剂600～800倍液，或70%乙膦·锰锌可湿性粉剂500倍液，或64%杀毒矾可湿性粉剂500倍液喷雾或灌根，每隔7～10天喷施1次，交替用药3～4次。雨季来临前，每667平方米撒96%硫酸铜粉3千克，然后浇水，效果良好。棚室内用45%百菌清烟剂或疫霉净烟剂，每公顷用药2千克。

（十四）辣（甜）椒炭疽病

辣（甜）椒炭疽病在全国分布普遍。一般病果率5%左右，在多雨年份为害严重，严重时病果率达20%～30%。在高温高湿条件下，流行蔓延快，为害重，损失大。该病除为害辣椒外，还为害番茄、茄子等。

1. 症状识别　在苗床到移栽后均可发病，主要为害叶片和果实，特别是成熟的果实及老叶更易受害。叶片受害，初为水渍状褐色斑点，近圆形，中间为淡灰色，其上有轮生黑色小点。茎和果梗受害，产生褐色不规则的凹陷斑，干燥时易开裂。成熟期果实易受害，病斑呈褐色水渍状圆形或不规则形病斑，其上轮生许多黑色小点，潮湿时周缘有湿润的变色圈。气候干燥时，病斑干缩呈膜状，似皮纸，易破裂。

2. 病原传播及发病规律　该病由半知菌亚门炭疽菌属真菌浸染引起。病菌主要以分生孢子附着在种子表面或以菌丝体潜伏在种皮内越冬，也能以分生孢子盘或菌丝体随病残体在土壤中越冬。适宜条件下分生孢子萌发从伤口或植株表皮侵入寄主，发病后产生新的分生孢子。通过雨水传播引起再浸染。该病发生与温湿度有密切的关系，温暖多雨的气候条件有利于病害的发生。重茬种植连年种植、苗床管理不科学、多雨潮湿、夏季干旱、持续高温、日灼严重，有利于后期病害的流行；种植密度大、偏施氮肥、排水不良、通风透光差，可以加快病害的流行。

3. 防治措施

(1) 选用抗耐病品种　如杭州鸡爪椒、长丰、茄椒1号、铁皮清等。

(2) 从无病株留种或种子消毒　从无病田或健康植株采种。种子用4%农抗120瓜菜烟草专用型100倍液浸种12小时，捞出晾半干后直接播种。也可用55℃温水浸10分钟，再放入冷水中冷却，然后催芽播种。

(3) 农业防治　与麦类、玉米实行2～3年轮作倒茬，避免与瓜类、蔬菜连作。加强栽培管理，施用腐熟有机肥，增施磷钾肥。雨后及时排水，及时清除病叶、病果及残株。棚室要及时通风排湿，预防果实日灼。

(4) 发病初期进行药剂防治　喷施50%施保功可湿性粉剂1000～1500倍液，或4%农抗120瓜菜烟草专用型600倍液，或80%代森锰锌600倍液，或50%翠贝干悬浮剂3000倍液，每隔7～10天喷1次，连喷2～3次，交替使用以上药剂。

(十五) 辣 (甜) 椒病毒病

辣 (甜) 椒病毒病又名花叶病、坏死蕨叶病、条斑坏死病。在全国各地普遍发生。一般可减产10%～30%，严重的高达60%。

1. 症状识别　从苗期至成株期均可发病，引起花叶、黄化、坏死、矮化、畸形等症状。主要有4种类型：

(1) 花叶型　初期病叶出现明脉或不规则褪绿，后呈浓绿与淡绿相间的花叶症，严重的叶片皱缩畸形，凹凸不平或呈线状。

（2）黄化型　病叶明显变黄，出现落叶现象。

（3）坏死型　沿叶脉变褐色坏死，延续到叶柄、果柄后扩展到侧枝、主茎及生长点，出现系统坏死条斑，维管束变褐，造成落叶落花落果，嫩枝、生长点甚至整株枯死。

（4）畸形　植株受害后，幼叶狭窄或呈线状，植株上部明显矮化，枝叶呈丛簇状。重病果表面出现斑驳和疱状突起。有时几种症状可先后或同时出现在同一植株上，表现出来的症状较为多样。

2.病原传播及发病条件　引起该病的病原较多，主要为烟草花叶病毒、黄瓜花叶病毒、马铃薯 Y 病毒和烟草蚀纹病毒。这几种病毒都能在寄主的活体内越冬，有的可在病残体内越冬。传播途径主要是由汁液摩擦接触传染和昆虫介体传播。高温干旱不仅有利于蚜虫传毒，而且还降低植株的抗病毒能力。温度过高、干旱有利于蚜虫发生为害，病毒病发生重。定植较晚、低洼、重茬、缺肥均易发生病毒。田间作业时，如中耕除草、整枝、摘果等通过接触传染病毒，造成为害。

3.防治措施

（1）选用抗病品种　如麻辣三道筋、红旗方椒、羊角椒等。

（2）选用无病种子或种子处理　从无病田或健康植株留种。种子播前可用 55℃ 温水浸种 10 分钟，或用 10％磷酸三钠浸种 20～30 分钟，洗净后催芽播种。

（3）加强栽培管理　选地势高地块适期播种，培育壮苗，早定植促早发，密度适当。清除田间杂草，田间农事操作注意避免碰伤植株。增施磷钾肥，小水勤浇，避免缺肥缺水。及时防治蚜虫。干热风时喷洒磷酸二氢钾溶液及浇水降温。

（4）发病初期进行药剂防治　可喷施 NS－83 增抗剂 100 倍液，需喷 3 次，定植前 10～15 天喷第 1 次，定植至缓苗后喷第 2 次，盛果前期喷第 3 次。或喷施 20％病毒 A 可湿性粉剂 500 倍液、1.5％植病灵乳剂 1000 倍液。

(十六) 辣 (甜) 椒疮痂病

辣 (甜) 椒疮痂病又名细菌性斑点病。在各地发生普遍。一般病田发病率为 20% 左右，严重的达 80%，引起早期落叶、落花、落果，对产量影响较大。

1. 症状识别　甜 (辣) 椒疮痂病主要为害叶片、茎蔓、果实，果柄也可受害。苗期发病，子叶上产生银色水渍状小斑，后变为暗色凹陷病斑。叶片染病，初现许多圆形或不整齐水浸状斑点，黑绿色至黄褐色，有时出现轮纹，病部具不整形隆起，呈疮痂状，病斑大小为 0.5～1.5 毫米，多时可融合成较大斑点，引起叶片脱落。茎蔓染病，出现不规则条斑或斑块，后木栓化，或纵裂为疮痂状。果实染病，初生褐色隆起小点，出现圆形或长圆形病斑，稍隆起，黑绿色，潮湿时病斑中间溢出菌脓。

2. 病原传播及发病规律　该病由黄单胞杆菌属细菌浸染引起。病原在种子上或随病残体在土壤中越冬。病残组织中的病菌在土壤中可存活 9 个月。病原细菌从气孔或水孔侵入，伤口有利于细菌的浸染。该菌侵入寄主后，叶片表皮组织增厚形成疮痂状，病痂上溢出的菌脓借雨滴飞溅或昆虫传播蔓延。此病易在高温多雨的 7～8 月雨后发生，尤其是台风或暴风雨后容易流行。长期高温多湿，内部也可形成疮痂，病斑迅速扩展至叶缘或叶片上形成多个小斑点脱落。成株期一般在开花盛期发病。

3. 防治措施

(1) 选用抗病品种　如甜椒的早丰 1 号、长丰；辣椒的湘研3 号、湘研 5 号、湘研 6 号等。

(2) 选用无病种子或种子消毒　从无病株或无病果上选留生产用种。种子用清水浸泡 10～12 小时后，再用 0.1% 硫酸铜溶液浸 5 分钟，捞出后拌少量草木灰或消石灰，使其呈中性再行播种，也可用 52℃ 温水浸种 30 分钟后移入冷水中冷却再催芽。

(3) 加强栽培管理　与非茄科蔬菜实行 2～3 年轮作。选择地势高、排水良好地块种植。增施磷钾肥，施足基肥。清除病残体，收获后深翻土地。

（4）发病初期进行药剂防治 喷洒 60％琥·乙膦铝可湿性粉剂 500 倍液，或新植霉素 4000～5000 倍液，或 72％农用硫酸链霉素可溶性粉剂，或新植霉素 4000 倍液，或 14％络氨铜水剂 300 倍液，或 77％可杀得可湿性微粒粉剂 500 倍液，每隔 7～10 天喷洒 1 次，连喷 2～3 次。

（十七）辣（甜）椒软腐病

辣（甜）椒软腐病在各地普遍发生。一般田间发病率为 10％～30％。收获后，运输贮藏期间可继续为害，损失较大。除为害茄科蔬菜外，还可浸染十字花科蔬菜及葱类、芹菜、胡萝卜、莴苣等。

1. 症状识别 甜（辣）椒软腐病主要为害果实。病果初生水浸状暗绿色斑，后变褐软腐，具恶臭味，内部果肉腐烂，果皮变白，整个果实失水后干缩，挂在枝蔓上，稍遇外力即脱落。

2. 病原传播及发病规律 该病由欧文氏菌属细菌浸染引起。病菌随病残体在土壤中越冬，成为翌年初浸染源。病原细菌从自然裂口或伤口上侵入寄主，致细胞死亡腐烂。发病后病菌可通过烟青虫及风雨传播，使病害在田间蔓延。田间低洼易涝、钻蛀性害虫多、连阴雨天气多、湿度大时该病易流行。

3. 防治措施

（1）与非茄科及十字花科蔬菜实行 2 年以上轮作。

（2）及时清洁田园，尤其要把病果清除带出田外烧毁或深埋。

（3）加强栽培管理培育壮苗，适时定植，合理密植。雨季及时排水。保护地栽培要加强放风，防止棚内湿度过高。及时喷洒杀虫剂防治烟青虫等蛀果害虫。

（4）发病初期进行药剂防治。喷洒 72％农用硫酸链霉素可溶性粉剂 4000 倍液，或新植霉素 4000 倍液，或 50％琥胶肥酸铜可湿性粉剂 500 倍液，或 60％百菌通可湿性粉剂 600 倍液，或 47％加瑞农可湿性粉剂 600 倍液。

（十八）辣（甜）椒菌核病

辣（甜）椒菌核病在各地普遍发生。保护地和露地都有发生。辣（甜）椒受害后，其产量和外观都受到影响。一般减产5％，严重的减产20％。可为害多种十字花科、豆科、茄科、葫芦科的多种植物。

1. 症状识别　苗期染病，茎基部初呈水浸状浅褐色斑，后变棕褐色，迅速绕茎一周，湿度大时长出白色棉絮状菌丝或软腐，但不产生臭味，干燥后呈灰白色，病苗呈立枯状死亡。成株染病，主要发生在近地茎部，病斑绕茎一周后向上下扩展，湿度大时，病部表面生有白色棉絮状菌丝体，后茎部皮层霉烂，髓部解体成碎屑，形成黑色菌核。干燥时，植株表面破裂，纤维束外露似麻状，个别出现长4～13厘米、灰褐色的轮纹斑。花、叶、果柄染病亦呈水渍状软腐致叶片脱落。果实染病，果面先变褐色，呈水渍状腐烂，逐渐向全果扩展，有的先从脐部开始向果蒂扩展至整果腐烂，表面长出白色菌丝体，后形成黑色不规则菌核。

2. 病原传播及发病规律　该病由子囊菌亚门核盘菌属真菌浸染引起。主要以菌核遗落在土中或混杂在种子中越夏或越冬，落入土中的菌核可存活1～3年。翌年温湿度适宜时，菌核萌发产生子囊盘和子囊孢子，子囊孢子借气流传播到植株上进行初浸染，菌丝从伤口侵入，或其芽管直接穿过寄主失去膨压的表皮细胞间隙，侵入致病。田间的再浸染主要通过病健株或病健花果的接触，也可通过田间染病杂草与健株接触传染。菌丝不耐干燥，随病残体在湿土中生长。排水不良、氮肥过量、田间郁闭有利于菌核病的发生。

3. 防治措施

（1）轮作　与禾本科作物实行3～5年轮作。

（2）土壤消毒　用25％多菌灵可湿性粉剂或乙蒜素，每平方米10克，拌细干土1千克，撒在土表或耙入土中，然后播种。

（3）种子处理　将种子装入干净的酒瓶，再按种子重量

0.4％～0.5％的量加入50％多菌灵可湿性粉剂，或50％扑海因可湿性粉剂，或60％防霉宝超微粉，后塞好瓶口，平放于地面用脚来回滚动100～150次，使药粉均匀黏附在种子表面后播种。

（4）加强栽培管理　播种后覆盖地膜。控制浇水量，上午浇水。温室及时放风排湿。收获后深翻土地。发现病株及时拔除或剪去病枝，带到棚外集中烧毁或深埋。

（5）发病初期进行喷药防治　喷洒20％甲基立枯磷乳油1000倍液，或50％甲基硫菌灵可湿性粉剂500倍液，或50％农利灵可湿性粉剂1000倍液，或50％乙·扑可湿性粉剂800倍液，每隔10天左右喷1次，连喷2～3次。

（十九）马铃薯晚疫病

马铃薯晚疫病又名疫病、马铃薯瘟。在种植马铃薯的地区都有发生，在多雨、气候冷湿适于疫病发生和流行的地区和年份，受害马铃薯提前枯死，减产可达20％～40％。

1. 症状识别　主要为害叶片、叶柄、茎和块茎。在叶片上，从叶尖或叶缘开始产生水渍状褪绿斑点，空气湿度大时，病斑迅速扩大，可沿叶脉侵入叶柄及茎部，形成褐色条斑。病斑与健部无明显界限，在暗褐色病斑边缘长出一圈白色霉层，叶片背面更为明显。发病严重时，叶片萎蔫下垂，全株变黑呈湿腐状。天气干旱时，病斑干枯呈褐色，病叶脆易破裂慢。茎部受害后形成长短不等的褐色条斑，在潮湿条件下，茎部条斑上也能长出白色霉层。薯块受害时，形成淡褐色不规则形的小斑点，稍凹陷，病斑下面的薯肉变褐坏死，最后病薯腐烂。晚疫病还可使马铃薯在存贮期间大批腐烂。

2. 病原传播及发病规律　主要以菌丝体在块茎中越冬，也可以菌丝体越冬。带菌种薯是病害浸染的主要来源，病薯播种后，多数病芽失去发芽能力或在出土前腐烂，少数病薯的越冬菌丝随种薯发芽而开始活动、扩展并向幼芽蔓延，形成病株。病株产生分生孢子囊，借风雨传播再浸染。病菌从气孔或直接穿透表皮侵入叶片，而为害块茎时则通过伤口、皮孔和芽眼侵入。晚疫病在多雨年份易流行成灾。马铃薯一般幼苗抗病力强，而开花期前后最容易感病。高湿有利于孢子囊的萌发和侵入。地势低洼、土壤黏重、排水不良的地块发病重。栽植过密、偏施氮肥有利于病害的发生。

3. 防治措施

(1) 选用抗病品种　如中薯1号、中薯2号、克新1号、克新2号等。

(2) 建立无病留种地和选用无病种薯　无病留种田应与大田相距2.5千米以上，选择无病植株，单收、单藏，留种。

(3) 种薯处理　用内吸性杀菌剂浸种，可用50%多菌灵500倍液浸种，也可用200倍福尔马林溶液浸种。然后堆积并覆盖严密，闷种2小时，再摊开晾干。

(4) 加强栽培管理　选择地势高排水好的地块种植。播种前精选种薯，淘汰带菌块茎。增施磷钾肥。控制灌水量，灌水后注意起垄。清除病株、病残体。

(5) 发病初期进行药剂防治　喷洒52.5%抑快净水分散剂2000~3000倍液，或1:1:200的波尔多液，或72.2%普力克水剂600~800倍液，或64%安克锰锌可湿性粉剂1000倍液，或72%克露可湿性粉剂800倍液，或25%甲霜灵可湿性粉剂800倍液，或80%代森锰锌可湿性粉剂800倍液等，交替使用上述药剂，每7~10天喷1次，连喷2~3次。

(二十) 马铃薯环腐病

马铃薯环腐病又名轮腐病、轮圈烂、黄眼圈。在全国马铃薯产区普遍发生。该病既影响马铃薯的生长和产量，也影响马铃薯的运输和贮存。一般病株率在20%，严重时减产达60%以上。

1. 症状识别　一般开花期发病，初期叶脉间褪绿斑驳，后叶片边缘或全叶黄枯。地上部染病分枯斑和萎蔫两种类型。枯斑型多在植株基部复叶的顶上先发病，叶尖、叶缘及叶脉呈绿色，叶肉为黄绿或灰绿色，具明显斑驳，且叶尖干枯或向内纵卷，病情向上扩展，致全株枯死。萎蔫型初期叶片自下而上开始萎蔫，叶缘稍内卷，似缺水状，后全株叶片内卷下垂，茎基部维管束变褐，终致植株倒伏枯死。块茎发病切可见维管束变为乳黄色至黑褐色，皮层内现环形或弧形坏死部，用手挤压流出黄色脓液，薯皮和薯块易分离。经贮藏块茎芽眼变黑干枯或外表爆裂，播种后不出芽或出芽后枯死或形成病株。病株的根茎部维管束常变褐，病蔓有时溢出白色菌脓。

2. 病原传播及发病规律　该病由棒形杆菌属细菌浸染引起。病菌在种薯中越冬，成为翌年初浸染源。病薯播下后，一部分芽眼腐烂不发芽，一部分病芽出土，病菌沿维管束上升至茎中部或沿茎进入新结薯块而致病。传播途径主要是在切薯块时，病菌通过切刀带菌传染。病薯和健薯可接触传染。温度对该病的影响较大。温暖干燥的天气有利于病害的发展，播种早则发病重。贮藏期温度高可继续发病。

3. 防治措施

（1）选用无病种薯　建立无病留种田，尽可能采用整薯播种。播前把种薯先放在室内堆放 5～6 天，进行晾种，不断剔除烂薯，使田间环腐病大为减少。此外用 50 微克/千克硫酸铜浸泡种薯 10 分钟有较好效果。

（2）种植抗病品种　如东农 303、郑薯 4 号、乌盟 601、克新1 号、丰定 22、铁筒 1 号、阿奎拉、长薯 4 号、高原 3 号等。

（3）加强栽培管理　适当晚播种，高畦栽培。施足基肥，增施磷钾肥，勤中耕培土。早晚浇水。及时拔除病株，携出田外集中处理。收获时避免碰伤薯块，汰除病薯。

（二十一）马铃薯早疫病

马铃薯早疫病在全国各地普遍发生。开花期受害重，引起叶片提前干枯，产量降低，甚至全田绝收。

1. 症状识别　主要为害叶片上，也可浸染叶柄、块茎。叶片染病，病斑黑褐色，凹陷，圆形或近圆形，具同心轮纹，大小为3～4毫米。湿度大时，病斑上生出黑色霉层，发病严重的病斑相互融合，变黄穿孔，叶片干枯脱落，田间一片枯黄。块茎染病产生暗褐色稍凹陷圆形或近圆形病斑，边缘分明，皮下呈浅褐色海绵状干腐。茎、叶柄受害多发生于分枝处，病斑褐色条形，后扩大成褐色椭圆形斑，有轮纹。

2. 病原传播及发病规律 该病由半知菌亚门链格孢属真菌浸染引起。以分生孢子或菌丝在病残体或带病薯块上越冬，翌年种薯发芽时病菌即开始浸染。病苗出土后，其上产生分生孢子。借风雨传播，进行多次再浸染。病菌易浸染老叶片，从表皮、气孔或伤口侵入。较高的温度和湿度有利于发病。遇有小到中雨、连续阴雨或湿度高于80％时，该病易发生和流行。瘠薄地块、沙质土及肥力不足田发病重。

3. 防治措施

(1) 选用早熟耐病品种，适当提早收获 如东农303、晋薯7号、罗沙等品种。

(2) 轮作 与豆科、禾本科作物实行3～4年的轮作。

(3) 加强栽培管理 选择土壤肥沃的高燥田块种植，增施有机肥，增施磷钾肥。及时灌溉。清除病残体。

(4) 控温贮藏薯块 贮藏温度以4℃最适宜，注意通风换气。

(5) 发病初期进行药剂防治 喷洒75％百菌清可湿性粉剂600倍液，或64％杀毒矾可湿性粉剂500倍液，或70％代森锰锌可湿性粉剂500倍液，或1∶1∶200倍式波尔多液，或77％可杀得可湿性微粒粉剂500倍液，每隔7～10天喷1次，连防2～3次。

(二十二) 马铃薯疮痂病

马铃薯疮痂病在部分地区发生。为害马铃薯的块茎，影响马铃薯的产量、外观和品质。

1. 症状识别 马铃薯块茎表面先产生褐色小点，扩大后形成褐色圆形或不规则形，因产生大量木栓化细胞致表面粗糙，中央稍凹陷或凸起疮痂状硬斑块。病斑仅限于表皮，不深入薯内，可形成不整齐的开裂。

2. 病原传播及发病规律　该病由链霉菌属放线菌浸染引起。病菌在土壤中腐生或在病薯上越冬。块茎生长早期表皮木栓化之前，病菌从皮孔或伤口侵入后染病，当块茎表面木栓化后，侵入则较困难。病薯长出的植株极易发病，健薯播入带菌土壤中也能发病。中性或微碱性沙壤土，pH值 5.2 以下时很少发病。高温干燥、中性或偏碱性的土壤发病重。

3. 防治措施

（1）种植抗病品种　白色薄皮品种易感病，褐色厚皮品种较抗病。

（2）选用无病种薯　一定不要从病区调种。播前用 40％甲醛 120 倍液浸种 4 分钟。

（3）轮作　与葫芦科、豆科、百合科蔬菜实行 5 年以上轮作。

（4）加强田间管理　多施有机肥或绿肥，避免使用石灰等碱性肥料。结薯期遇干旱应及时浇水。

（二十三）马铃薯黑心病

马铃薯黑心病在各地普遍发生，在马铃薯贮藏期发生。一般发病率在 10％～30％，严重时窖贮马铃薯块茎大量腐烂。发病后马铃薯的食用价值降低。

1. 症状识别　发病薯块表面症状不明显，薯肉内部变为褐色或黑色，变暗，质地不变软，出现黑褐色略显放射状的病斑，严重时整个块茎都可能变黑。通常病组织与健康组织边界较明显。

2. 病因及发病规律　该病是块茎内部缺氧所引起的一种生理性病害。在贮藏初期，薯块生活力和呼吸能力较强，往往会因通风不良而使薯块处于缺氧状态，高温和缺氧使薯肉内部正常呼吸作用受阻碍而累积大量碳酸气，不易迅速地通过组织进行扩散造成黑心病。下窖过早、贮藏温度过高、窖小、贮藏量过大、通风不良的情况下易发生此病。

3. 防治措施

(1) 加强田间管理　增施磷肥和钙肥，生长后期控制浇水。

(2) 注意收获　在土壤温度低于20℃时收获，收获前不浇水，使土层干燥，收获时避免碰伤薯块。收获后晾晒1～2天，待薯块表面干燥后入窖贮藏。

(3) 控制窖温，通风通气　小堆贮藏，贮窖初期2个星期内温度控制在13℃～15℃，后降低窖温保持在1℃～4℃，贮藏期间注意经常打开贮窖放风，保持薯堆良好的通气性。

三、葫芦科蔬菜常见病害

(一) 黄瓜枯萎病

黄瓜枯萎病又名蔓割病、萎蔫病。菜农俗称该病为死秧、死藤。在全国各地都有发生，是一种重要的土传病害。保护地发病严重，大棚损失达50％以上，甚至整个大棚绝收。此病除为害黄瓜外，还为害西瓜、香瓜、冬瓜、南瓜等多种葫芦科蔬菜。黄瓜、西瓜、冬瓜发病最重，甜瓜次之，其他瓜类较轻。

1. 症状识别　整个生育期均可发病，典型症状是萎蔫，一般在植株开花结果后发生较多。发病初期，被害植株仅部分叶片萎蔫下垂，似缺水状，中午更加明显，早晚可恢复正常，随着病情发展，整株叶片变黄萎蔫下垂，不可恢复。病株主蔓基部稍缢缩，初期呈水渍状，后逐渐干枯，常有纵裂。纵切病茎可见其维管束部分变褐，潮湿条件下，病部表面常有白色或粉红色霉状物。幼苗被害，子叶变黄萎蔫，重者整株枯萎，茎基部常变褐缢缩，多呈猝倒状。

2. 病原传播及发病规律　该病由半知菌亚门镰孢（霉）属真菌浸染所致。病菌主要以菌丝体、厚垣孢子在土壤、病残体、种子和未腐熟的带菌肥料中越冬，成为翌年初浸染来源。病菌可在土壤中存活5～6年。病菌主要经过根部的伤口、幼苗茎基部裂口或从侧根分枝处裂缝侵入，通过维管束进入根茎、叶部，产生侵填体等堵塞导管，影响水分运输，引起植株萎蔫。产生毒素使维管束变褐。病菌在田间可由肥料、灌水、农事操作和昆虫等进行传播。在黄瓜生长期间，遇连阴雨、久雨后干旱、久晴干旱后连阴雨、灌水后遇雨都有利于病害的发生。重茬、低洼、平畦栽培、酸性土壤及土壤黏重的地块均易发病。

3. 防治措施

（1）选用抗病品种　长春密刺、津研7号、津杂1号、津杂2号、春丰2号、中农5号、津春、津绿、津圆系列等黄瓜品种对枯萎病都有一定的抗性。

（2）种子处理　用15％多菌灵、盐酸、0.1％平平加、水按1∶5∶0.5∶500的比例配制后，常温下浸种1小时，捞出冲洗后再浸入冷水中3小时，然后催芽播种。

（3）轮作　在枯萎病发生严重的地区，黄瓜应与其他瓜类作物实行6～7年以上轮作。

（4）床土消毒处理　育苗时，每平方米床面用50％的甲基托布津可湿性粉剂或50％的多菌灵可湿性粉剂8克与床土拌和处理，进行土壤消毒。

（5）嫁接防病　采用黑子南瓜、丝瓜等瓜类做砧木进行嫁接，防病效果达95％以上。

（6）培育壮苗，加强管理　育苗时应选未种过瓜类的床土，采用纸筒或营养钵育苗。定植时尽量少伤根系，要定期控制浇水，避免大水漫灌，及时追肥，灌水应在早、晚进行。要及时中耕保墒，防止土壤龟裂。

（7）发病初期进行喷药防治　发现中心病株后，应立即拔除，并对周围健株进行灌根处理。移栽前或发病初期用以下药剂灌根：多菌灵、苯来特或重茬剂同水（1∶100）的比例配成药土施于穴内。50％甲基托布津可湿性粉剂400～600倍液，或50％代森铵水剂1000～1500倍液，或30％琥珀酸铜（DT）可湿性粉剂400倍液，或50％的消菌灵可湿性粉剂1500倍液，或95％恶霉灵可湿性粉剂 3000～4000 倍液灌根。也可结合灌水，用纱布袋装入硫酸铜，每 667 平方米 0.5～1 千克，置于畦口随水流灌入田间。

（二）黄瓜霜霉病

黄瓜霜霉病俗称火龙、跑马干、黑毛。全国各地普遍发生。在适宜发病条件下，迅速发展蔓延，1～2 周即可造成黄瓜除顶端嫩叶外的所有叶片枯死，1 个月即拉秧，损失达 30％～50％。该病除为害黄瓜外，还为害香瓜、西瓜、南瓜、丝瓜等葫芦科蔬菜，以黄瓜和香瓜发病重。

1. 症状识别　在整个生育期均可发病，主要为害叶片。子叶受害，正面不均匀地褪绿黄化，潮湿条件下，叶背生灰黑色霉层，随着病情的发展，子叶变黄干枯，并逐渐向真叶发展，使幼苗枯死。成株发病多在开花结瓜之后，初期叶片上呈水渍状淡黄色小斑点，清早或潮湿时明显，后病斑逐渐扩大，受叶脉限制呈多角形，黄绿或淡褐色。田间湿度大时，叶背面长出灰黑色霉层，病害一般由植株下部向上逐渐蔓延发展。当环境条件适宜时，病斑迅速扩展连成一片，使全叶变黄干枯。

2. 病原传播及发病规律　该病由鞭毛菌亚门假霜霉属真菌浸染所致。病菌以孢子囊在温室和陆地上各茬黄瓜上往复浸染，完成周年循环。病菌孢子主要靠气流、雨水等进行传播，黄瓜的初浸染源多数来自于温室和大棚。病菌在 10℃～28℃均可侵入寄主。湿度是决定发病与否和流行程度的关键因素。病菌在叶片的水滴或水膜中侵入叶片，如果叶面始终保持干燥，孢子不仅不能萌发而且经过 2～3 天即失去萌发力。保护地栽培，若灌水后放风不及时或放风量过小或闭棚过早，造成棚内湿度大、叶面结露，易诱导病害的发生。保护地内还易从塑料破裂处发病，形成中心病株，继而向四周扩大蔓延。此外，低洼地、黏土地、栽培密度过大、通风不良的地块均易发病。多雨、多露、多雾、昼夜温差大、阴晴交替等气候条件有利于该病的发生和流行。

3. 防治措施

（1）选用抗病品种　注意品种配搭，易发病的地区要选择津杂3号、津杂4号、津春4号、津春7号、津绿1号、津绿3号、中农2号。

（2）加强栽培管理　注意控制苗床湿度，培育无病壮苗。保护地内一定要注意通风管理，日出后不过早通风，充分利用晨光闭棚升温，雾化叶面水滴。当棚温超过28℃时开始通风，并逐渐加大通风量，使棚温不超过33℃。在日落前先关闭通风口，使棚温升高，日落后通小风排湿，降低棚内湿度。采用地膜栽培和滴灌技术，减少浇水，降低田间湿度。保证棚膜完好，防止雨水漏入。

（3）药剂防治　发现中心病株后要及时摘除病叶，深埋或烧毁，并立刻喷药控制。定植前在苗床内喷两次40％乙磷铝可湿性粉剂500倍液，或75％达科宁可湿性粉剂500倍液，做到带药定植。发病初期可用"四合一"（退菌特、福美双、硫酸铜、洗衣粉各1000倍）可有效地控制病害，或用25％甲霜灵400～600倍液，或58％雷多米尔锰锌可湿粉剂400～600倍液，或64％杀毒矾可湿性粉剂400倍液，或72％克露可湿性粉剂600～800倍液，或霜霉毙克可湿性粉剂500～800倍液喷雾。以上药剂要交替使用，并注意喷施叶的正反两面。保护地在定植缓苗后可用10％百菌清烟雾剂，或15％杀毒矾烟雾剂进行熏蒸。每667平方米每次用药250～300克，每隔7～10天防治1次，连防3～4次。

（4）高温闷棚　在晴天中午，密闭大棚使瓜秧顶部的气温上升到45℃时，维持半小时后，放风降温，连续进行2～3次，可控制病害发展。高温闷棚需间隔10～15天，并在闷棚前要喷药、浇水。

（三）黄瓜白粉病

黄瓜白粉病俗称白毛。在全国各地都有发生。温室、保护地易发生该病，该病扩展蔓延快，损失较大。除为害黄瓜外，还为害西葫芦、南瓜、香瓜、甜瓜、冬瓜等葫芦科蔬菜。

1. 症状识别　黄瓜整个生育期均可发病，中后期为害重。主要为害叶部，也可为害茎和叶柄，一般不为害果实。发病初期叶正面或背面产生白色近圆形小粉斑。随着病情的发展，病斑逐渐增多，扩展连成一片，边缘不明显，严重时整个叶面似撒满白粉，叶背面也有少量粉层。发病后期，白色粉层变成灰白色或红褐色，叶片枯黄、发脆，其上密生小黑点。叶柄和嫩茎受害，症状与叶片相似，只是白粉少些。

2. 病原传播和发病规律　该病由子囊菌亚门白粉菌属和单囊壳属的真菌浸染所致。病菌以闭囊壳随病残体在土表越冬，温室黄瓜也能以菌丝体或分生孢子在植株上越冬。子囊孢子、分生孢子借气流传播到黄瓜上后，温湿度适宜时萌发产生芽管，侵入寄主表皮细胞变成菌丝并在细胞间扩展，可形成吸器侵入细胞内吸收营养和水分。病菌也可由温室转到露地黄瓜上，产生分生孢子后，又可传回温室黄瓜上。病害流行的最适温度为16℃～24℃，随着湿度的增加，病情流行快。但是雨滴和露水反而不利于病害的流行。高温干旱病菌会受到抑制，发病轻。施肥不足、植株生长细弱、浇水过多、栽植过密、通风透光不良、排水不畅和光照不足的地块易发病。

3. 防治措施

（1）选用抗病品种　津研 2 号、津研 6 号、津研 7 号、津杂 2 号、农城 2 号、津春 2 号、津春 3 号、津春 4 号、津绿 3 号、津优 1 号、津优 3 号等。

（2）温室消毒　定植前 2～3 天，每立方米用 2.5 克硫黄粉与 0.5 克木屑混合，密闭温室熏蒸 15 小时。

（3）苗床消毒　每平方米床土用 20% 的三唑酮乳油 10 毫升拌和，可防止整个苗期发生白粉病。

（4）发病初期进行药剂防治　用 20% 的粉锈宁可湿性粉剂 2000～4000 倍液，或 70% 的琥珀酸铜（DT）杀菌剂 500 倍液，40% 敌菌酮可湿性粉剂 600～800 倍液，或 50% 硫黄胶悬剂 200～

300 倍液，或"三合一"（50％退菌特可湿性粉剂、50％的福美双可湿性粉剂各 500 倍液和 1000 倍的硫酸铜液混合）防治，多种药剂交替使用，效果显著。保护地可使用 45％百菌清烟剂 6 千克/公顷，或 15％三唑酮烟剂 11.5～13.5 千克/公顷。

（四）黄瓜疫病

黄瓜疫病俗称"卡脖子"、秃顶。在全国各地均有发生，北方秋黄瓜发病重，对生产造成的损失较大。此病除为害黄瓜外，还能浸染西瓜、甜瓜、南瓜、丝瓜等葫芦科蔬菜。

1. 症状识别　主要为害黄瓜地上部，叶、茎、瓜均可受害。幼苗生长点和嫩茎最易感病。叶片被害，初为暗绿色水渍状斑点，后扩展为近圆形的大病斑。病叶干燥时呈青白色，边缘暗绿色，干枯破裂，天气潮湿时，病斑扩展很快，常造成全叶腐烂。茎部受害，多在接近地面的茎基部发病，初呈暗绿色水渍状，渐缢缩，其上叶片逐渐枯萎，不久全株萎蔫枯死。果实被害，病斑形成暗绿色、圆形或不规则形凹陷，呈水渍状，周缘不明显，病部果皮皱缩，内部组织腐烂。在潮湿环境下，表面产生稀疏的灰白色霉状物。

2. 病原传播和发病规律　该病由鞭毛菌亚门疫霉属真菌浸染所致。病菌以菌丝、卵孢子或厚垣孢子随病残体在土壤中越冬，种子也可带菌，从寄主表皮直接侵入，形成初次浸染。寄主发病后，产生孢子囊及其萌发后形成的游动孢子借风雨进行再次浸染。卵孢子和厚垣孢子在田间主要借助灌溉水和土壤耕作传播。病害的发生和流行程度取决于降雨量的大小。若遇持久阴雨天，或雨季来得早、雨量大，或雨后闷热，则发病早、传播迅速。通常重茬种植黄瓜或低洼地、田间排水不良、垄或垄面高低不平的田块发病较重。

3. 防治措施

（1）种子处理　播前用 72.2％普力克水剂或 25％的甲霜灵可湿性粉剂 750 倍液浸种 30 分钟后催芽。

（2）嫁接防病　可用云南黑子南瓜或南砧 1 号作砧木与黄瓜嫁接，可防疫病和枯萎病。

（3）轮作　与非葫芦科植物实行 2～3 年以上的轮作。

（4）苗床消毒　苗床每平方米床土用甲霜灵可湿性粉剂 8 克或根腐灵 8 克与过筛细土拌和，对种子进行上覆下垫。

（5）高畦栽培及加强栽培管理　采用高畦栽培，雨后及时排水。易发病的田块，前期减少浇水量，后期减少浇水次数，防止大水漫灌。尽可能采用地膜栽培或滴灌技术。发现中心病株，应及时拔除销毁，在其病穴内撒上石灰。

（6）选用农药喷雾防治　用 58％雷多米尔锰锌可湿性粉剂 800 倍液，或 72％克露可湿性粉剂 700 倍液，或 70％乙膦铝锰锌可湿性粉剂 500～800 倍液，或 64％的杀毒矾可湿性粉剂 800 倍液，或 72％霜脲锰锌可湿性粉剂 750 倍液进行喷雾防治。

（五）黄瓜炭疽病

黄瓜炭疽病在全国各地普遍发生，造成幼苗猝倒，成株茎叶枯死，瓜果腐烂，影响产量和品质。该病除为害黄瓜外，还为害冬瓜、香瓜、西瓜、甜瓜、葫芦、苦瓜、丝瓜等葫芦科植物。

1. 症状识别　整个生育期间均可受害，中后期发病较重，为害叶片茎蔓和瓜果。幼苗发病，子叶边缘出现褐色半圆形或圆形病斑，上着生小黑点。潮湿时，生有粉红色黏稠物。幼茎基部受害产生黑褐色不定形病斑，缢缩变色，严重时造成幼苗猝倒。成株被害，叶片上呈红褐色圆形病斑，周围常有黄色晕圈，病斑可连合形成大斑。严重时病斑干枯穿孔并脱落。茎蔓和叶柄被害，病斑多为长圆形，黑褐色，稍向内凹陷，严重时造成植株枯萎。果实被害，初呈水渍状，淡绿色，扩大后为圆形黑褐色凹陷斑。在潮湿条件下，茎和果实上的病斑也会产生粉红色黏状物。

2. 病原传播及发病规律　该病由半知菌亚门炭疽菌属真菌浸染所致。病菌以菌丝体或拟菌核随病残体在土壤中越冬，种子也可附带菌丝体。病菌还可在温室、大棚木骨架上腐生存活。越冬后条件适宜时产生大量的分生孢子，分生孢子萌发侵入寄主。在田间，分生孢子借风、雨、昆虫及农事操作进行传播。带菌的种子可以直接侵入子叶引起幼苗发病。湿度是影响本病的关键因素。重茬、偏施氮肥、浇水过多、排水不良地块易发病。幼苗徒长、种植过密、植株生长弱都会导致病害发生。

3. 防治措施

（1）选用抗病品种　中农 2 号、中农 5 号、碧春等。

（2）选用无病种子及种子消毒　要在无病种株上采种。播种前用 50℃ 水浸种 20 分钟，冷水冲洗后催芽，或用 40％甲醛 100 倍液浸种 20～30 分钟，再用清水洗净后播种。

（3）农业防治　选用地势高、排水良好的地块种植，与非瓜类蔬菜实行 2～3 年的轮作。覆膜栽培，施足基肥、合理灌水。及时清除病残体。在定植前一周，密闭温室或大棚，每立方米用 5 克硫黄粉与适量木屑混合熏蒸，或用 30％百菌清烟雾剂每 667 平方米地 200～250 克进行熏蒸。

（4）培育无病壮苗　育苗时每平方米床土用 8 克 50％的多菌灵可湿性粉剂配成药土，对种子进行上覆下垫。定植前在苗床喷施 50％甲基托布津可湿性粉剂 700 倍液。

（5）药物防治　发病初期用 75％达科宁可湿性粉剂 600 倍液喷雾，或 50％的炭疽福美可湿性粉剂 500 倍液喷雾，或 25％阿米西达悬浮剂 1000～2000 倍液，或 6.5％甲霉灵超微粉剂喷粉，或 5％百菌清粉尘剂喷粉，或 8％克炭疽粉尘剂喷粉，每 667 平方米喷施 1 千克。

（六）黄瓜细菌性角斑病

黄瓜角斑病在北方发生普遍。大棚春黄瓜受害严重，发病后叶片干枯，果实流胶腐烂，减产有时高达 50％。

1. 症状识别　幼苗和成株期均可受害，成株期发病重。主要为害叶片、叶柄和卷须，也可为害果实和茎蔓。幼苗被害，子叶初呈水渍状圆斑，稍凹陷，后变褐干枯，茎部染病可引起幼苗猝倒。叶片受害，初为水渍状小点，淡绿色，后变为淡黄色，病斑扩展受叶脉限制呈多角形，黄褐色，空气湿度大时，叶背病斑上有白色黏液，干燥时病斑中央组织干枯形成穿孔。瓜条受害，与叶片症状相似，果实上的病斑向内扩展，可延伸至种子，使种子带菌。

2. 病原传播及发病规律　该病由假单胞杆菌属细菌浸染所致。病菌在种子内部或随病残体在土壤中越冬。在种子内可存活1年。通过雨水、昆虫和农事操作进行传播。病菌一般从气孔、水孔、皮孔等自然口和伤口侵入。种子表面的病菌在种子萌发时即侵入子叶。温暖、多雨和高湿有利于该病的发生和流行。一般多在栽培密度大、土壤潮湿的地块先发病，在连阴雨后、天气闷热时病害容易滋生蔓延。低洼地、通风不良、排水不良、整枝绑蔓不及时的地块易发病。定植时护根措施不好，或地下害虫多，造成根系断裂，给病菌以可乘之机。

3. 防治措施

（1）选用抗病、耐病品种　津研2号、津研6号、黑油条、光明等。

（2）选择无病瓜留种或种子消毒　在健康植株或瓜条上留种。种子播前要用40％的甲醛150倍液浸种1.5小时，代森铵水剂500倍液浸种2小时，或次氯酸钙300倍液浸种30～60分钟，或用100万单位的硫酸链霉素浸种2小时，洗净后浸种催芽。

（3）苗床处理　定植前苗床内喷1次1∶2∶（300～400）的波尔多液进行预防。用无病土育苗，采用纸桶、营养钵等护根。

（4）农业防治　应与非瓜类作物实行2年以上轮作。通风降湿，清除病叶。定植时尽量少伤根系，发病后要控制灌水，勤中耕，防止土壤龟裂。露地实施高畦栽培。

（5）药剂防治　发病初期用30％琥珀酸铜可湿性粉剂500倍液喷雾，或100万单位的硫酸链霉素4000～5000倍液喷雾，或40万单位青霉素钾盐500倍液喷雾，或60％琥·乙膦铝可湿性粉剂 500 倍液喷雾。也可喷施 10％乙滴，或 5％百菌清，或 10％脂铜粉尘剂。还可使用疫霉净烟剂。

（七）黄瓜菌核病

黄瓜菌核病在吉林省保护地上的发生趋势有所扩大，一般受害地块损失 10％～30％，重者达 60％以上。寄主范围广泛，可浸染 300 多种植物，蔬菜类包括油菜、番茄、甘蓝、茄子、甜椒、辣椒、菜豆、莴笋、芹菜、白菜、冬瓜、西瓜、南瓜、马铃薯等。

1. 症状识别　苗期和成株期均可发病，主要为害果实和茎蔓，也可为害叶柄和叶片。典型受害表现是病部组织迅速软腐，密生白色菌丝，后期伴有黑色鼠粪状菌核。果实受害，病菌从顶端花萼处侵入，在花蒂部呈水渍状腐烂，并长出白色菌丝，后期散生出鼠粪状黑色菌核。茎部受害，最初在靠近地面的茎部产生褪色的水渍状病斑，并逐渐扩大，呈淡褐色软腐，其上也产生白色菌丝，使病茎纵裂干枯，造成病部以上茎蔓和叶片萎蔫枯死，茎内生黑色菌核颗粒，严重时致使全株枯死。叶部受害，初期呈淡褐色水渍状圆形斑，湿度大时迅速腐烂，后期长出菌丝和黑色菌核。

2. 病原传播与发病规律　该病由子囊菌亚门核盘菌属真菌浸染所致。病菌以菌核在土壤中越冬，菌核在干燥条件下可存活 4～11 年。混杂在土壤、菌核中及病残体上的菌核在温湿度适宜时即可萌发，形成一个杯状或盘状的子囊盘，子囊盘释放出大量的子囊孢子，借气流传播蔓延，感染田间寄主。一般从衰老的花瓣和叶片侵入，进而为害叶柄和幼瓜，最后为害茎秆。田间带菌的落花与叶片、茎蔓接触后，也可以引起病害的发生。保护地栽培一般早春或晚秋易发病。连作、排水不良、田间郁闭、偏施氮肥、植株衰弱都有利该病的发生。

3. 防治措施

（1）农业防治　及时清除病叶、茎、果实，收获后要深翻土地。最好清晨灌 1 次水后高温闷棚，温度达到 40℃闷 1 小时后放风排湿。高畦栽培，覆盖地膜抑制病菌，使用腐熟有机肥，增施磷钾肥，培育壮苗。

（2）土壤消毒　苗床或定植地用 50％多菌灵粉剂按每公顷 80千克药兑 120 千克细土，拌匀后配成药土耙入土中。

（3）加强管理　保护地内要注意通风、透光，防止温度偏低和湿度过大。可以采用紫外线塑料膜抑制病菌。适当提高棚内夜间温度，减少结露。

（4）药剂防治　发病初期用 50％扑海因可湿性粉剂 1000 倍液、50％苯菌灵可湿性粉剂 1500～2000 倍液、50％的速克灵可湿性粉剂 1500 倍液喷雾，或用 5％的百菌清粉尘剂喷粉，每次每667 平方米喷 1 千克。

（5）温室大棚内药剂选用　在温室大棚内除选用以上药剂外，还可用 10％速克灵烟剂，或 45％百菌清，或疫霉净烟剂，每667 平方米每次 100～150 克，熏蒸 12 小时，每隔 8～10 天再次用药，交替喷施 3～4 次。

（八）黄瓜灰霉病

黄瓜灰霉病分布广泛，保护地发生严重。发病重的幼瓜大量腐烂，一般减产 5％～10％，严重的达 30％。除为害黄瓜外，还为害番茄，茄子、南瓜、西葫芦、青椒、菜豆、韭菜、葱等多种蔬菜。

1. 症状识别　整个生育期均可发病，主要为害幼瓜，也可为害花、叶、茎。病菌多从开败的花中侵入，使花瓣枯萎腐烂，进而向幼瓜扩展，致脐部水渍状，病部表面密生灰色霉层，并扩展至整个瓜条，病瓜变黄枯萎。叶片被害，一般由落在叶面的病花、病卷须引起，叶面病斑直径达 20～50 毫米，近圆形或椭圆形，灰白至灰黄色，边缘明显，上着生灰色霉层。幼苗受害，造成幼苗枯萎死亡。病瓜或烂花与茎蔓接触后，引起茎部腐烂，严重时下部的节腐烂，植株枯死。

2. 病原传播及发病规律 该病由半知菌亚门葡萄孢属真菌浸染所致。病菌以菌丝体或分生孢子随病残体在土壤中越冬，也可以菌核在土壤中越冬。分生孢子随气流、雨水、农事操作进行传播。病菌主要以病组织接触传染，黄瓜开花结瓜期是该病浸染和烂瓜的高峰期。在低温高湿条件下有利于病害的发生蔓延。保护地内持续较高的相对湿度是灰霉病发生和蔓延的主导因素。种植过密、灌水过多、放风不及时、偏施氮肥、重茬、与西红柿连作，都容易导致病害的发生。

3. 防治措施

（1）避免连作 不与番茄、黄瓜同棚种植，或二者连年倒茬，收获后深翻土地。

（2）农业防治 加强通风管理，降低棚内湿度，使用透光率高的无滴膜或紫外线阻断膜。在刚浇过水的棚内，上午在2～3小时内尽量保持较高的温度，使棚顶露水雾化。下午延长放风时间，加大通风量。夜间要适当提高棚温、减少叶面结露。

（3）保持棚室卫生 及时摘除病果、病花，集中烧毁和深埋。在进行整枝、疏花、疏果时，要先健株，后病株，避免人为接种传播。

（4）防治蘸花传病 在蘸花液中按有效量0.1%加入多菌灵或速克灵，一并蘸花和防病处理。

（5）发病初期进行药剂防治

①选用烟雾剂闭棚熏蒸，或选用粉尘剂进行喷粉。烟雾剂可选用10%速克灵或疫霉净烟剂，或20%灰霉净烟剂，或45%百菌清烟剂，或15%扑海因烟剂，或30%霜霉·灰霉净烟剂，每公顷3～4千克，每次熏3～4小时，每隔8～10天熏1次。粉尘剂可选用5%灭霉灵粉尘剂，或6.5%甲霉灵，或5%白菌清粉尘剂，或10%灭霉灵粉尘剂，或10%灭克粉，每公顷每次喷药粉1千克，每隔9～11天喷1次。采用烟雾剂和粉尘剂一般多在浇完水后或连阴雨天进行，在傍晚或早上棚内湿度大有结露时进行，

防治效果更好。

②可用 50％苯菌灵可湿性粉剂 400 倍液，或 50％多菌灵可湿性粉剂 400～500 倍液，或 50％扑海因可湿性粉剂 1000 倍液，或 50％灰霉克绝可湿性粉剂 600～800 倍液，或 50％克霉灵可湿性粉剂 500～1000 倍液进行喷雾。以上药剂可交替使用。

（九）黄瓜蔓枯病

黄瓜蔓枯病分布广泛。北方夏秋两季容易流行。产量损失严重的达 50％。除为害黄瓜外，还为害西瓜、南瓜、西葫芦、冬瓜、香瓜、丝瓜等多种瓜类蔬菜。

1. 症状表现　主要为害茎叶果。茎节部病斑暗色后软化变黑密生小黑粒。叶片上病斑近圆形，多在叶缘，向内呈"V"字形，淡褐色至黄褐色，后期病斑易破碎，病斑轮纹不明显，上生许多黑色小点，即病原菌的分生孢子器，叶片上病斑直径 10～35 毫米，少数更大。蔓上病斑椭圆形至梭形，白色，有时溢出琥珀色的树脂胶状物，后期病茎干缩，纵裂呈乱麻状，严重时引致"蔓烂"。幼果受害，果肉软化，呈心腐状。

2. 病原传播及发病规律　该病是由半知菌亚门壳二孢属真菌浸染引起的。病菌主要以分生孢子器或子囊壳随病残体在土中，或附在种子、架杆、温室、大棚棚架上越冬。翌年春天，产生子囊孢子和分生孢子通过雨及灌溉水传播，从气孔、水孔或伤口侵入。种子带菌引致子叶染病。病菌由成株果实蒂部或果柄侵入，阴雨、土壤含水量大，夜间露水大或台风后水淹易发病。连作地、或排水不良、密度过大、肥料不足、寄主生长衰弱发病重。

3. 防治措施

（1）轮作　实行 2～3 年轮作。

（2）浸种与选种　播种前用 55℃温水浸种 15 分钟，移入冷水冷却，晾干播种。选用抗病品种，如万青、春燕等。

（3）农业防治　采取地膜覆盖或高畦栽培，及时清除病株，深埋或烧毁。施足充分腐熟的有机肥。雨后及时排水。

（4）药剂防治　发病初期喷洒 40％福星乳油 8000 倍液，或 75％百菌清可湿性粉剂 600 倍液，或 50％混杀硫悬浮剂 500～600 倍液，全田用药，每隔 7 天喷一次，共喷 2～3 次。

（十）黄瓜黑星病

黄瓜黑星病在北方保护地及露地栽培黄瓜上经常发生，一般损失可达 10％～20％，严重可达 50％以上。该病除为害黄瓜外，还浸染南瓜、西葫芦、甜瓜、冬瓜等葫芦科蔬菜。

1. 症状识别　保护地、露地均可发生，整个生育期均可发生，嫩叶、嫩茎、幼瓜易感病。幼苗染病，真叶较子叶敏感，子叶上产生黄白色近圆形斑，病斑处溢出透明胶质物，发展后引致全叶干枯；嫩茎染病，初现水渍状暗绿色梭形斑，后变暗色，凹陷龟裂，湿度大时长出灰黑色霉层；卷须染病则变褐腐烂；生长点受害，经 2～3 天烂掉形成秃桩；生长点附近嫩茎被害，上部干枯，下部往往丛生叶芽。成株叶片被染，初为淡黄褐色近圆形病斑，后期病斑中部色减淡，变薄而质脆，容易穿孔，孔的边缘不整齐略皱，且具黄晕。叶柄、瓜蔓被害，病部中间凹陷，形成疮痂状，表面生灰黑色霉层。瓜条被害，初流胶，逐渐扩大为暗绿色凹陷斑，表面长出灰黑色霉层，致病部呈疮痂状，病部停止生长，形成畸形瓜。

2. 病原传播及发病规律　该病由半知菌亚门枝孢属真菌浸染所致。病菌以菌丝体随病残体在土壤中或附着于大棚支架上越冬，也可以菌丝潜伏在种子内越冬。病菌借气流、雨水、农事操作传播。病菌主要直接穿透叶片、果实、茎蔓的表皮，或从气孔或伤口侵入，带菌的种子播后可直接浸染子叶引起幼苗发病。温室、大棚内在叶面结露时，易于造成该病的流行。露地病害的发生与降雨量和降雨日数多少有关。若遇雨量大、次数多、田间湿度大及连续冷凉的气候条件发病重。

3. 防治措施

（1）选用抗病品种　如中农 11 号、中农 13 号、吉杂 1 号、吉杂 2 号。

（2）选用无病种子及种子处理　用 55℃～60℃ 水温汤浸种 15 分钟，也可用 50% 的多菌灵可湿性粉剂 500 倍液浸种 20～30 分钟后冲洗干净催芽。也可用占种子量 0.3% 的 32% 苗菌敌或 50% 克菌丹拌种。

（3）加强栽培管理　轮作倒茬，与非瓜类作物实行 2 年以上的轮作。使用腐熟有机肥，增施磷钾肥。采用地膜栽培和节水滴灌技术，降低田间湿度。

（4）熏蒸消毒　温室、大棚定植前 10 天，每立方米空间用硫黄粉 0.0024 千克，锯末 0.0045 千克混合后分放数处，点燃后密闭大棚，熏 12 小时。

（5）发病初期进行药剂防治

①粉尘法或烟雾法防治，用喷粉器喷施 5% 防黑星粉尘或 10% 多百粉尘，每次每公顷 15 千克。或用 30% 的百菌清烟剂每 667 平方米 200～300 克熏蒸，连续熏 3～4 次。

②用 50% 的苯菌灵可湿性粉剂 1500 倍液，或 50% 扑海因可湿性粉剂 1000 倍液，或 40% 福星乳油 8000 倍液喷雾。每隔 7～10 天喷 1 次，连喷 3～4 次。

（十一）瓜类病毒病

瓜类病毒病种类多，分布广，重者可减产 30%～40%。影响瓜的形态、色泽、味道，严重降低瓜果的商品价值。为害黄瓜、甜瓜、西瓜、南瓜、西葫芦、冬瓜、丝瓜等多种葫芦科蔬菜。

1. 症状识别　整个生育期均可发病，全株都表现症状。典型症状是叶片褪绿、花叶、皱缩、畸形，瓜果表现出缩小、畸形的症状，植株矮化，严重时全株枯死。叶片花叶表现为叶片出现浓绿与淡绿相间花叶，或出现黄绿镶嵌的花纹，或出现坏死褪绿斑点和条斑。严重时出现系统性花叶畸形，植株凸凹不平，植株矮化，坐果困难。有些瓜类心叶出现明脉，病叶小而皱缩，严重时叶反卷，病株下部叶片逐渐黄枯。瓜条染病，出现深绿与淡绿相间症状斑块，果面凹凸不平或畸形。发病重的植株节间短缩，簇生小叶，不结瓜，致萎缩枯死。

2. 病原传播和发病规律　该病毒原较多，主要有黄瓜花叶病毒、西瓜花叶病毒、南瓜花叶病毒、甜瓜花叶病毒和甜菜坏死环斑病毒。病毒的寄主植物种类很多。病毒主要在多种植物上存活越冬。在田间的传播以介体传播为主。农事操作汁液接触也可传毒。传毒介体主要为蚜虫、叶蝉、白粉虱、线虫和真菌。由于许多杂草都是蚜虫的越冬寄主，每当春季气温回升，杂草开始发芽时，蚜虫开始活动或迁飞，成为传播此病的主要媒介。有翅蚜虫的高峰期与瓜类苗期相吻合的时期越长，发生量越大，发病越重。土壤营养缺乏、管理粗放、杂草丛生及生长势弱的地块易发病。

3. 防治措施

（1）选用抗耐病品种及建立无病留种田　黄瓜可选用津研 7 号、中农 5 号。西葫芦可选用天津 25、早青 1 代。从无病瓜选留种，并用 10% 磷酸三钠浸种 10 分钟。或用 55℃ 温水浸种 40 分，然后移入冷水，再浸 12～24 小时后催芽播种。

（2）培育壮苗，适时定植，防止幼苗徒长　利用白色网纱与塑料膜结合提早保温育苗，驱避蚜虫。整枝打杈和授粉等农事操作不要碰伤叶片。在苗期喷 2～3 次耐病毒诱导剂（NS－83 增抗剂）100 倍液，诱导瓜类耐病毒。

（3）加强栽培管理，避免重茬　适时早播或采用地膜覆盖进行早熟栽培。瓜类作物间不可连作。利用高秆作物与瓜类蔬菜间作。增施磷钾肥，喷施 0.2%～0.3% 磷酸二氢钾。

（4）保护天敌，及时防蚜　保护异色瓢虫、草蛉等天敌。在蚜虫初发期用抗蚜威、一遍净、风雷激等对蚜虫有效的杀虫剂防蚜。温室、大棚内可用虫螨净烟剂熏蒸。

（5）药剂防治　发病初期用 5% 的菌毒清水剂 400 倍液，或 95% 病毒毙克可湿性粉剂 500～600 倍液，或 50% 的病毒大克水剂 600～800 倍液，或 20%病毒立克水剂 600～800 倍液，或 0.5%的抗毒剂 1 号水剂 250～300 倍液喷雾。

（十二）黄瓜根结线虫病

根结线虫病在部分地区发生，瓜类作物间轮作或重茬地块发病重，严重的植株枯死。为害黄瓜、甜瓜、西瓜、南瓜、西葫芦、冬瓜、丝瓜等多种葫芦科蔬菜和芹菜、番茄等。

1. 症状识别　黄瓜在整个生育期内均可染病。主要发生在根部的侧根和须根上，须根和侧根染病后产生瘤状大小不等的根结。解剖根结，病部组织中有很多细小的乳白色线虫埋于其内，多为雌虫。根结之上一般可长出细弱的新根，使寄主再度染病，形成根瘤。地上部表现症状因其发病的轻重程度不同而异，轻者症状不明显，重者植株生育不良，叶片中午萎蔫或逐渐黄枯，植株矮小，影响结实，发病严重时，全田枯死。

2. 病原传播及发病规律　该病是由南方根结线虫为害引起。该虫多在 5～30 厘米的土层中生存，常以卵或成虫在病根虫瘿中或以幼虫随病残体遗留在土壤中越冬，可存活 2～3 年。病土和病苗是主要的传播途径，灌溉和农事操作也可传播。一般幼虫入侵植株根尖，其分泌物刺激导管膨胀，使根形成巨型细胞或虫瘿。田间湿度是影响孵化和繁殖的重要条件。土壤潮湿有利于孵化和浸染，干旱或土壤过湿时，其活动受到抑制，沙土地较黏土地为害重。

3. 防治措施

（1）采用无虫土育苗，盖膜密闭提高土温至 60℃。

（2）利用温室休闲时间，对地表 10～15 厘米土壤进行大水漫灌，可有效地防止根结线虫的繁殖、增长和浸染。

（3）与辣椒、韭菜等抗线虫蔬菜实行 2～3 年轮作。

（4）黄瓜生长期应加强田间管理，多使用腐熟有机肥，彻底处理病残体，集中烧毁或深埋。

（5）定植时穴施力满库、克线丹颗粒剂，每 667 平方米 5～6

千克。

（6）移栽前用阿维菌素处理土壤。

四、豆科蔬菜常见病害

（一）菜豆炭疽病

菜豆炭疽病又名斑纹病。在全国各地都有分布，菜豆整个生育期都可发生，运输和贮藏期中仍能为害。温凉多雨地区为害重。

1. 症状识别　从幼苗至收获，菜豆地上部分均可发病，成株期为害重。幼苗出土后，子叶上部出现红褐色至黑褐色圆形病斑。叶片病斑发生在叶背的叶脉上，初为红褐色条斑，后变成黑褐色至黑色，沿叶脉扩展成多角形病斑。叶面上散生红褐色斑点，圆形至不规则形，可融合成大病斑。幼茎受害，在距子叶稍远处发生锈色小斑，随幼苗伸长变为条形凹斑，龟裂，病斑联合形成长条状，严重时幼茎折断死亡。叶柄和茎蔓受害，病斑形状与茎上相似，常造成叶片萎蔫。豆荚受害，初现褐色小点，扩大为褐色病斑圆形或椭圆形斑，周围呈黑褐色，边缘稍隆起，中间凹陷呈砖红色，湿度大时可溢出粉红色黏稠物。种子发病后，出现黄褐色、大小不等的凹陷斑。发病晚的植株，只是在衰弱和衰老时，在植株组织表面产生病菌的繁殖体。

2. 病原传播及发病规律　该病由半知菌亚门炭疽菌属真菌浸染引起。病菌主要以休眠菌丝潜伏在种子或病残体内越冬。翌年播种带菌种子可直接为害子叶或嫩茎，使幼苗染病，引起初浸染。病部产生分生孢子，借雨水、风、昆虫传播进行再浸染。在病株体内越冬的病菌，翌春产生分生孢子，从植株表皮或伤口侵入，经4～7天潜育出现症状，进行再浸染。温凉高湿是该病发生和流行的重要条件。多雨、多雾、棚内结露时易发病，地势低洼，土壤黏重及种植过密、重茬均有利于病害的发生。春夏两季高温多雨，炭疽病发生严重。

3. 防治措施

（1）选择抗病品种　蔓生型品种抗病性较强。

（2）选用无病种子及种子处理　注意从无病区繁种引种，从无病株及无病荚上采种，播前精选。用40％甲醛200倍液浸种30分钟，或用种子重量的0.4％的50％多菌灵或50％福美双可湿性粉剂拌种。

（3）加强栽培管理　进行清理病残体，加强通风排湿，采用滴灌、膜下暗灌等方法，施用腐熟有机肥。

（4）发病初期及时喷药防治　可用5％百菌清烟剂，每667平方米200～250克进行闭棚熏蒸。也可用75％达科宁可湿性粉剂800倍液，或10％世高1500～2000倍液，或25％炭特灵可湿性粉剂500倍液喷雾。还可用8％的克炭疽粉尘剂，每667平方米1千克喷施。每隔7～10天喷1次，连续防治2～3次。

（二）菜豆锈病

菜豆锈病在全国各地发生普遍，北方地区秋季发病严重。锈病造成叶片干枯，使植株早衰，结荚减少或结实不良，直接影响产量。锈病除为害菜豆外，还为害豇豆、绿豆、豌豆、扁豆、蚕豆、小豆等豆类蔬菜。

1. 症状识别　主要为害叶片，也可为害叶柄、茎和豆荚。叶片发病，叶背面初生淡黄色或白绿色小圆斑，稍隆起，后变为褐锈色，扩大呈疱状，表皮破裂露出红褐色夏孢子粉末，中间为铁锈色，外有黄色晕圈，植株生长后期变为褐黑色冬孢子堆，或在病斑周围长出深褐色的冬孢子堆。叶正面多呈褪绿色斑点，当叶脉产生夏孢子或冬孢子堆时，易造成叶片变形早落。果实上的病斑与叶部基本相似，为害严重时果实丧失食用价值。

2. 病原传播及发病规律　该病由担子菌亚门单孢锈菌属真菌浸染所致。在北方，病菌以冬孢子随病残体在地上或者附着在架材表面越冬，萌发时产生菌丝和小孢子，担孢子侵入寄主，形成夏孢子堆，又萌发出夏孢子，通过气流进行远距离传播，雨水也可传病，病菌主要从表皮和气孔侵入为害。影响锈病发生的主要条件是温湿度。凡是导致田间湿度过大，诸如地势低洼积水、种植密度过大、通风不良、施氮过多等条件，均可导致锈病的发生和蔓延。早晚大雾、天阴、多雨、多雾最易诱发锈病。

3. 防治措施

（1）选用抗病品种　如长农7号、云白架豆等。

（2）田间管理　收获后要及时清除田间病残体，并集中烧毁，减少土壤带菌。

（3）加强栽培管理　与禾本科植物轮作。要选地势高燥、排水方便的地块种植，要合理密植，适施氮肥，施用充分腐熟有机肥，摘除老叶病叶。

（4）发病初期进行喷药防治　用20%萎锈灵乳剂400倍液，或20%三唑酮乳油3000倍液，或50%硫黄胶悬剂300倍液喷雾。每隔7～10天喷1次，连防2～3次。如果低温多雨棚室发病，可用粉尘剂喷粉，防效高。

（三）菜豆细菌性疫病

细菌性疫病又名火烧病、叶烧病。全国各地均有发生，高温多雨季节发病重。细菌性疫病除为害菜豆外，还可为害豇豆、大豆、扁豆、绿豆、小豆等豆类蔬菜。

1. 症状识别　菜豆从幼苗到成株期均可受害。主要为害叶、茎蔓、豆荚、种子。幼苗受害后，子叶呈红褐色溃疡，病斑绕茎扩展常造成幼苗死亡。叶片上初生暗绿色水渍状小斑点，后逐渐扩大呈不规则形，病斑周围有黄色晕环，天气潮湿时，病斑上常分泌出一种黄色菌脓，在干燥条件下，枯死似羊皮纸状，病斑表面形成黄白色薄膜状物。发病重的叶片病斑相互愈合引起全叶干枯或扭曲畸形。在高温高湿条件下，病部有时迅速萎蔫变黑如水烫状。茎蔓、豆荚、种子发病症状与叶片相似，初呈水渍状斑点，扩大为凹陷的条斑圆形或不规则形斑，潮湿时斑点上有黄褐色菌脓溢出。

2. 病原传播及发病规律　该病由黄单胞杆菌属细菌浸染所致。病菌主要黏附在种子、豆荚上越冬，也可随病残体在土壤中越冬。种子内的病菌可存活 3 年以上。带菌种子萌发后，细菌即侵入子叶及生长点，并产生菌脓，借雨水、灌溉、农事操作、昆虫等方式传播，从水孔、气孔或伤口等侵入为害，2～5 天后植株发病。随着植株的生长，病菌向全株扩展蔓延。病菌喜高温多湿的环境条件。高温多雨，特别是暴雨后，此病最易流行。栽培管理不当，如大水漫灌、肥力不足、插架不及时、杂草丛生、偏施氮肥、虫害严重都有利于该病的发生。

3. 防治措施

（1）选用健康种子　从无病健株上采种，防止种子带菌。

（2）种子处理　用 50℃的温水浸种 30 分钟，捞出后放在冷水中冷却，晾干后播种。用种子量 0.3％的 50％敌克松原粉或 50％福美双拌种。或用硫酸链霉素 500 倍液浸种 24 小时。

（3）轮作　与非豆科植物实行 2～3 年以上的轮作，及时清理病残体，深埋或集中烧毁。

（4）加强栽培管理　适期播种，合理施肥灌水，及时中耕除草，防治害虫。

（5）发病初期进行药剂防治　用 50％的退菌特可湿性粉剂 500～800 倍液，或 60％琥·乙膦铝可湿性粉剂 500～600 倍液，或抗菌剂"401"或"402"800～1000 倍液，或 100 万单位的硫酸链霉素 3000～4000 倍液，或 20％龙克菌悬浮剂 500～600 倍液喷雾，每隔 7～10 天喷 1 次，连喷 2～3 次。

（四）菜豆灰霉病

灰霉病在各地都有发生，为害多数较轻。高湿时发生重。病毒病除为害菜豆外，还可为害扁豆、绿豆、小豆等豆科植物，以及茄科、葫芦科植物。

1. 症状识别　茎、叶、花、荚均可染病。先在根茎部以上出现斑纹，周缘深褐色，中部淡褐色或浅黄色，干燥时病斑表皮破裂形成纤维状，湿度大时上生灰色霉层。有时病菌从茎蔓分枝处侵入，致病部形成凹陷水渍状，后萎蔫。苗期受害，呈水渍状变软下垂，后叶缘长出白色霉层。叶片染病，形成较大的轮纹斑，后期易破裂。豆荚染病，先浸染败落的花，后扩展到荚果，病斑淡褐色，后变褐色软腐，湿度大时表面生灰霉。

2. 病原传播及发病规律　该病由半知菌亚门葡萄孢属真菌浸染所致。病菌以菌丝、菌核或分生孢子随病残体在土壤中越冬，成为翌年的初浸染源。病菌通过农事操作、雨水、气流等方式进行传播。病花、病果及染病的卷须若落在健部或与健部接触就可引起发病。一般多雨年份发病重，温室、大棚等保护地内较露地发病重，菜豆与番茄、黄瓜同棚种植，易互相传染，农事操作过程中健株和病株不分会加速病害的蔓延和发展。

3. 防治措施

（1）清洁田园　及时清除病叶、病果，集中烧毁或深埋，收获后深翻土壤。

（2）加强管理　棚室保护地要加强通风透光。提高温室内夜温，增加白天通风时间，降低棚内湿度和结露时间。

（3）发病初期进行药剂防治　可用50%农利灵可湿性粉剂1000～1200倍液，或50%扑海因可湿性粉剂1000～1500倍液，或50%速克灵可湿性粉剂1500～2000倍液，或66%灰霉克绝可湿性粉剂500～800倍液喷雾。还可用5%灭霉灵粉尘剂，每667平方米每次1千克喷粉。还可用20%灰霉净烟剂，每667平方米每次200～250克熏蒸。

（五）菜豆菌核病

菌核病分布广泛。连作地块发病重，损失可达50%以上。病毒病除为害菜豆外，还可为害扁豆、绿豆、大豆等豆科植物，以及茄科、葫芦科植物。

1. 症状识别　主要发生在保护地菜豆上。该病多始于近地面茎基部或第一分枝叶腋处，初呈水渍状，后逐渐变为灰白色，皮层组织发干崩裂，呈纤维状。湿度大时，发病严重，病部白色菌丝生长旺盛，生长鼠粪状黑色菌核。后期茎的病组织髓部变空，着生黑色菌核。蔓生菜豆从地表茎基部发病，致茎蔓萎蔫枯死。

2. 病原传播及发病规律　该病是由子囊菌亚门核盘菌属真菌浸染引起的。以菌核在土壤中、病残体上或混在堆肥及种子上越冬。越冬菌核在适宜条件下萌发产生子囊盘，子囊成熟后，遇空气湿度变化即将囊中孢子射出，随风传播，浸染周围的植株。菌核有时直接产生菌丝。病株上的菌丝具较强的浸染力，成为再浸染源扩大传播。菌丝发展迅速，致病部腐烂。当营养被消耗到一定程度时产生菌核，菌核不经休眠即萌发。该病在较冷凉潮湿条件下发生，发病温度以 15℃ 最适。在潮湿土壤中，菌核只存活 1 年；在干燥土壤中能存活 3 年多，但不易萌发。大田条件下，散落在菜豆叶上的子囊孢子存活 12 天。菜豆菌核病一般在开花后发生，病菌先在衰老的花上取得营养后才能浸染健部，由于蔓生菜豆生有无限花序，因此受害期较长。

3. 防治措施

（1）选用无病种子及进行种子处理　从无病株上采种，汰除种子中混有菌核及病残体，播前用 10％盐水或 10％～20％硫酸铵浸种，再用清水冲洗后播种。

（2）轮作、深耕及土壤处理　与水稻、禾本科作物轮作；收获后马上进行深耕，在子囊盘出土盛期中耕，后灌水覆地膜闭棚升温，利用高湿杀死部分菌核。老病土播前应进行土壤处理，即在播前 3 周，每平方米用 40％甲醛 25～30 毫升，加水 2～4 升处理土壤，用塑料膜覆盖 4～5 天，晾 2 周后播种。

（3）加强田间管理　勤松土，中耕除草，摘除老叶及病残株，合理施肥。覆盖地膜阻挡子囊盘出土，避免偏施氮肥，增施磷钾肥，施用腐熟有机肥。有条件的可铺盖沙泥，阻隔病菌。

（4）发病初期进行药剂防治　喷施 50％农利灵可湿性粉剂1000 倍液，或 50％扑海因可湿性粉剂 1000～1500 倍液，或 50％

速克灵可湿性粉剂 1500～2000 倍液，或 40％纹枯利可湿性粉剂 800～1000倍液，或 50％混杀硫悬浮剂 500 倍液，重点喷淋花器和老叶，每隔 10～15 天喷 1 次，连防 3～4 次。

（六）豇豆病毒病

病毒病分布很广，但多数地区为害不重。病毒病除为害菜豆外，还为害豇豆、大豆、扁豆、绿豆、小豆等豆科植物，以及茄科、藜科、十字花科植物等。

1. 症状识别　菜豆嫩叶最初失绿、斑驳，后多表现系统性症状，出现明脉、皱缩、僵化现象。新生叶呈花叶，花叶的绿色部分突起或凹下成袋形，有时可见叶绿素聚集、形成深绿色脉叶面皱缩畸形。带和萎缩、卷叶等症状。严重时节间缩短、矮化，开花延迟，结实不良。

2. 病原传播及发病规律　病原主要有黄瓜花叶病毒、豇豆蚜传花叶病毒和蚕豆萎蔫病毒 3 种。病毒主要在寄主植物和带毒种子上越冬。在田间主要通过豆蚜等多种蚜虫进行非持久性传毒，病株汁液摩擦接种和田间管理等农事操作也是重要传播途径。田间管理条件差、干旱、蚜虫发生量大时发病重。

3. 防治措施

（1）选用抗耐病品种　如红嘴燕、之豇 28、新疆 8 号等品种。

（2）选无病株留种　从健株上采种，单收单藏。

（3）及早防治蚜虫　选择有效的杀虫剂如阿克泰、施可净等消灭临近菜地及杂草上的蚜虫，防止蚜虫迁飞。

（4）加强栽培管理　实行轮作，增施磷钾肥，及时中耕除草，小水勤灌。病株、病叶及时清除烧毁。

（5）药剂防治　发病初期喷洒 1.5％植病灵Ⅱ号乳剂 1000 倍液或 NS－83 增抗剂 100 倍液，每隔 10 天左右喷 1 次，连防 2～3 次。

五、其他蔬菜常见病害

(一) 大葱 (洋葱) 霜霉病

葱类霜霉病又名火龙秧子，是葱类的重要病害。条件适宜时，霜霉病可迅速流行，严重威胁大葱的生产。

1. 症状识别　大葱霜霉病主要为害叶及花梗。花梗上初生淡黄色或乳黄色较大斑，纺锤形或椭圆形，其上产生白霉，后期变为淡黄色或暗紫色。中下部叶片染病，病部以上渐干枯下垂，严重时叶片与花茎均易折断。假茎染病易破裂，影响种子成熟度，使种子皱瘪。鳞茎染病，病株矮缩，叶片畸形或扭曲，呈苍白绿色，湿度大时，表面长出大量白霉。洋葱霜霉病主要为害叶片。发病轻的病斑呈苍白绿色、长椭圆形，边缘青白色。严重时波及上半叶，植株发黄或枯死，病叶呈倒"V"字形。花梗染病同叶部症状，易由病部折断枯死。湿度大时，病部长出白色至紫灰色霉层。鳞茎染病后变软，外部的鳞片表面粗糙或皱缩，植株矮化，叶片扭曲畸形。

2. 病原传播及发病规律　该病由鞭毛菌亚门霜霉属真菌浸染引起。以卵孢子随同病残体留在土中越冬，或以菌丝潜伏在鳞茎和种子上越冬。翌年春天气候适宜时萌发，从植株的气孔侵入。湿度大时，病斑上产生孢子囊，借风、雨、昆虫等传播，进行再浸染。一般地势低洼、排水不良、重茬地发病重，夜晚凉湿、阴凉多雨或浓雾重露的天气易流行。

3. 防治措施

(1) 加强栽培管理　选择地势高、易排水的地块种植，并与葱类以外的作物实行2～3年轮作。施足底肥，增施磷钾肥。

(2) 选用抗病品种　一般红皮品种和黄皮品种较抗病。

(3) 选用无病种子及进行种子处理　从无病地块留种。用种子重量0.3％的35％雷多米尔拌种，或用50℃温水浸种25分钟，再浸入冷水中，捞出晾干后播种。鳞茎和侧生苗可用45℃温水浸90分钟。

（4）清除病残体　收获时清理病残株，带出田外深埋或烧毁，深翻土地。

（5）发病初期进行药剂防治　喷施58％瑞毒霉锰锌可湿性粉剂500倍液，或64％杀毒矾可湿性粉剂500倍液，或72.2％普力克水剂800倍液，或60％琥·乙膦铝可湿性粉剂500倍液，或10％科佳悬浮剂2000～3000倍液，每隔7～10天喷1次，连防2～3次。

（二）大葱（洋葱）紫斑病

葱类紫斑病又名黑斑病。该病不但在田间为害叶片花梗，而且在贮藏和运输期间还可侵害鳞茎。雨季易流行，一般年份损失不大。可浸染大葱、洋葱、大蒜、韭菜等蔬菜。

1. 症状识别　主要为害叶和花梗。叶片和花梗上的病斑初呈水渍状白色小点，多从叶尖叶缘开始或位于花梗中部，后变淡褐色圆形或纺锤形稍凹陷斑，继续扩大呈褐色或暗紫色，周围常具黄色晕圈。潮湿时，病部长出深褐色或黑灰色具同心轮纹状排列的霉状物，病部继续扩大形成大斑，致全叶变黄枯死或花梗折断。种株花梗发病率高，致种子皱缩，不能充分成熟。鳞茎被害后，呈红色或黄色湿腐，鳞茎收缩变小，渐变为暗褐色或黑色。田间发病重，常引起贮藏期的大葱或洋葱鳞茎的颈部发生软腐，呈深黄色或红色。

2. 病原传播及发病规律　该病由半知菌亚门链格孢属真菌浸染引起。北方寒冷地区以菌丝体在寄主体内或随病残体在土壤中越冬。翌年条件适宜时产出分生孢子，分生孢子萌发经气孔、伤口或直接穿透表皮侵入，发病后产生分生孢子，借气流或雨水传播引起再浸染。病菌产孢需湿度高，萌发和侵入需有水滴存在，因此温暖多湿、昼夜温差大易引发病害。沙质土、旱地、旱苗或老苗、缺肥、葱蓟马为害重的田块发病重。保护地重于露地。

3. 防治措施

（1）加强栽培管理　实行2年以上轮作。施足基肥，增施磷钾肥，施用腐熟有机肥。

（2）清洁田园　及时拔除病株和摘除病叶，收获后清除田间病残体，深翻土地。

（3）选用无病种子及进行种子消毒　从无病株留种。用40%甲醛300倍液浸种子3小时，浸后及时洗净。鳞茎可用40℃～45℃温水浸1.5小时消毒。或用50%福美双或50%多菌灵按种子量的0.3%拌种。

（4）适时收获，低温贮藏　尤其是洋葱，应掌握在葱头顶部成熟时收获，收后适当晾晒至鳞茎外部干燥后入窖，窖温控制在0℃，相对湿度保持在65%以下，经常换气。

（5）发病初期进行药剂防治　喷施64%杀毒矾可湿性粉剂500倍液，或40%大富丹可湿性粉剂500倍液，或58%甲霜灵·锰锌可湿性粉剂500倍液，或50%扑海因可湿性粉剂1500倍液，每隔7～10天喷1次，连防3～4次，均有较好的效果。

（三）大葱、洋葱黄矮病

葱类黄矮病在部分地区发生。受害葱外形矮缩，降低品质和使用价值。

1. 症状识别　典型症状是叶片呈花叶状，皱缩，植株矮缩或黄化丛生。大葱染病叶生长受抑，叶面凸凹不平，叶尖逐渐黄化，有时产出长短不一的黄绿色斑驳或黄色长条斑，葱管扭曲，生长停滞，蜡质减少，叶下垂变黄，严重的全株矮化或萎缩。洋葱黄矮病多始于育苗期，生长速度变缓或停止生长，病株明显矮缩，叶片波状或扁平叶上出现黄绿色花斑或黄色长条斑。

2. 病原传播及发病规律　病原为葱黄矮病毒，属病毒。在寄主内传播。病毒粒体线状，寄主范围窄，仅限于葱属植物，体外存活2～3天。病毒在田间主要靠多种蚜虫以非持久性方式或汁液摩擦接种传播。高温干旱、管理条件差、蚜量大、与葱属植物邻作时发病重。

3. 防治措施

（1）治虫防病　用阿克泰、施可净及时防除传毒蚜虫和蓟马。

（2）培育健苗　不要在葱类采种田或栽植地附近育苗或邻作。春季育苗应适当提早，在苗床上覆盖灰色塑料膜或尼龙纱防虫。

（3）加强栽培管理　增施有机肥，适时追肥，喷施植物生长调节剂，及时浇水、除草、松土，尽量避免接触病株。

（4）发病初期进行药剂防治　喷施 1.5％植病灵乳剂 1000 倍液，或 20％病毒 A 可湿性粉剂 500 倍液，或 NS－83 增抗剂 100 倍液，每隔 10 天左右喷 1 次，防治 1～2 次。

（四）韭菜灰霉病

韭菜灰霉病又名白色斑点病。在保护地或温室普遍发生。植株被害后，外观、品质、产量都受到影响。

1. 症状识别　主要为害叶片，分为白点型、干尖型和湿腐型。白点型和干尖型初在叶片正面或背面生白色或浅灰褐色小斑点，由叶尖向下发展，病斑梭形或椭圆形，可互相汇合成较大斑块，致半叶或全叶枯焦。湿腐型发生在湿度大时，枯叶表面密生灰至绿色茸毛状霉，叶片湿软腐烂，伴有霉味。湿腐型叶上不产生白点。干尖型由割茬刀口处向下腐烂，初呈水浸状，后变淡绿色，有褐色轮纹，病斑扩散后多呈半圆形或"V"字形，并可向下延伸 2～3 厘米，呈黄褐色，表面生灰褐或灰绿色茸毛状霉。

2. 病原传播及发病规律　该病由半知菌亚门葡萄孢菌属真菌浸染引起。病菌以菌核或分生孢子在土壤中或病残体内越冬。借气流、雨水传播蔓延。每次收韭菜都会把病菌散落于土表，致新生叶染病。灰霉病的发生与温湿度的关系密切，湿度大利于发病。秋末冬初韭菜扣棚后始见发病，生态条件适合病情不断加重。

3. 防治措施

（1）选用抗病品种　如黄苗、竹竿青、早发韭 1 号、优丰 1 号、中韭 2 号、克霉 1 号、791 雪韭等。

（2）加强栽培管理　培育壮苗，注意养茬。施用腐熟有机肥，及时追肥、浇水、除草，注意排水。

（3）适时通风降湿　通风量的大小和时间长短要据韭菜长势和外界气温确定，刚割过韭菜或外温低时，通风要小或延迟，严防扫地风。

（4）清洁田园　韭菜收割后，及时清除病残体，土壤实行深翻。

（5）发病初期进行药剂防治　收后盖土前喷洒40％施佳乐悬浮剂，或50％速克灵可湿性粉剂1000～1500倍液，或50％扑海因，或50％农利灵可湿性粉剂1000～1500倍液，或80％多菌灵可湿性粉剂600倍液。棚室可选用灰霉净烟剂或灭霉灵粉剂防治。

（五）韭菜疫病

韭菜疫病在部分地区发生。该病除为害韭菜外，还可为害烟草、辣椒等。

1. 症状识别　根、茎、叶、花薹等部位均可被害，尤以假茎和鳞茎受害重。叶片或花薹染病，多始于中下部，初呈暗绿色水浸状，有时扩展到叶片或花薹的一半，病部失水后明显缢缩，引起叶片或花薹下垂腐烂，湿度大时，病部产生稀疏白霉。假茎受害呈水浸状浅褐色软腐，叶鞘易脱落，湿度大时，其上也长出白色稀疏霉层。鳞茎被害，根部呈水浸状，浅褐至暗褐色腐烂，纵切鳞茎内部，组织呈浅褐色，生长受抑，新生叶片纤弱。根部染病变褐腐烂，根毛明显减少，影响水分吸收，根寿命缩短。

2. 病原传播及发病规律　该病由鞭毛菌亚门疫霉属真菌浸染引起。以卵孢子在土壤中病残体上越冬，翌年条件适宜时，产生孢子囊和游动孢子，浸染寄主后发病。湿度大时，又由病部长出孢子囊，借风雨、流水传播蔓延进行再浸染，地势低洼、田间积水利于发病。

3. 防治措施

（1）选用抗病品种　如早发韭1号、优丰1号韭菜。

（2）加强栽培管理　选择适合种植韭菜的高岗地，仔细平整好苗床或养茬地。及时追肥，使用腐熟有机肥。小水勤浇注意排水，修整好田间排涝系统。

（3）轮作换茬　与非寄主植物进行轮作换茬，避免连年种植。

（4）发病初期进行药剂防治　喷洒72%克露可湿性粉剂700倍液，或69%安克锰锌可湿性粉剂1000倍液，或72.2%普力克水剂600倍液，或60%琥·乙膦铝可湿性粉剂500倍液，每隔10天左右喷1次，连防2～3次。

（六）葱、韭菜锈病

韭菜锈病多在夏秋两季发生。受害植株的外观、产量、品质都受到影响，除为害韭菜外，还可浸染大葱、洋葱、大蒜等蔬菜。

1. 症状识别　主要浸染叶片和花梗。初在表皮上产出纺锤形隆起的橙黄色小疱斑，即夏孢子堆，病斑周围具黄色晕环，后扩展为较大疱斑，其表皮破裂后，散出橙黄色夏孢子。叶两面均可染病，后期叶或花茎上出现黑色小疱斑，为病菌冬孢子堆，病情严重时，病斑布满整个叶片，失去食用价值。

2. 病原传播及发病规律　该病由担子菌亚门柄锈菌属真菌浸染引起。病菌以冬孢子于土壤病残中越冬或以菌丝体夏孢子在寄主上越冬或越夏。夏孢子借气流传播蔓延，萌发后从寄主表皮或气孔浸入，条件适宜时重复浸染。冬季温暖利于夏孢子越冬，夏季低温多雨利其越夏。天气温暖湿度高、露多、雾大、种植过密、氮肥过多、钾肥不足时发病重。

3. 防治措施

（1）加强栽培管理　轮作，合理密植，做到通风透光良好；雨后及时排水，采用配方施肥技术，多施磷钾肥。

（2）收获　收获时，尽可能低割，注意清洁畦面，喷洒45%微粒硫黄胶悬剂400倍液。

（3）发病初期进行喷药防治　喷洒 20％三唑酮乳油 2000 倍液，或 97％敌锈钠可湿性粉剂 300 倍液，或 50％萎锈灵 700～800 倍液，或 25％敌力脱乳油 4000 倍液加 15％三唑酮可湿性粉剂 2000 倍液，每隔 10 天左右喷 1 次，连防 2～3 次。

（七）大蒜叶枯病

大蒜叶枯病在部分地区发生。夏秋两季发病重，导致大蒜抽薹、结实不良。

1. 症状识别　主要为害叶或花梗。叶片染病多始于叶尖或叶的其他部位，初呈花白色小圆点，扩大后呈不规则形或椭圆形，病斑灰白色或灰褐色，边缘紫色，其上生黑色霉状物，严重时病叶枯死。花梗染病易从病部折断，最后在病部散生许多黑色小粒点。为害严重时不抽薹。

2. 病原传播及发病规律　该病由子囊菌亚门枯叶格孢腔菌属真菌浸染引起。主要以菌丝体或子囊壳随病残体遗落于土中越冬，翌年散发出子囊孢子引起初浸染，后病部产出分生孢子进行再浸染，借气流传播。中后期发病普遍，可致叶片早枯，湿度大有利于发病。

3. 防治措施

（1）加强田间管理　及时清除被害叶和花梗，收获后深翻土地。合理轮作，施用腐熟有机肥。合理密植，雨后及时排水，保护地通风降湿。

（2）发病初期进行药剂防治　喷洒 75％百菌清可湿性粉剂 600 倍液，或 50％扑海因可湿性粉剂 1500 倍液，或 64％杀毒矾可湿性粉剂 500 倍液，或 50％琥胶肥酸铜可湿性粉剂 500 倍液，或 60％琥·乙膦铝可湿性粉剂 500 倍液，每隔 7～10 天喷 1 次，连防 3～4 次。

（八）芹菜斑枯病

芹菜斑枯病又名晚疫病、叶枯病，俗称火龙。各地均有分布，冬春季易发病，保护地重于露地。

1. 症状识别　芹菜田间及收获后贮藏期间都可受害。主要为害叶片，也可为害叶柄及茎秆。叶片发病，初为淡褐色油渍状小斑点，边缘明显，后逐渐扩大，中心开始坏死。多个小病斑可联合，成为不规则形的浅褐色病斑，中间黄白色，密生许多小黑点，外沿常有黄色晕圈，严重时整个叶子变成褐色、干枯。叶柄和茎上的病斑长圆形，稍凹陷，褐色，中央着生小黑点。

2. 病原传播及发病规律　该病由半知菌亚门壳针孢属真菌浸染引起。病菌以菌丝体潜伏在种皮内越冬，也可在病残体或采种用根上越冬，可存活1～2年。温室栽培的在植株上越冬。在条件适宜时，病菌在种皮及病残体上形成分生孢子器和分生孢子，借风、雨、水或农事操作进行传播蔓延。从植株的气孔或表皮侵入为害。温暖多雨、多雾或昼夜温差大，夜间结露，且持续时间较长时发病重。保护地放风不及时，低洼地、缺肥或大水漫灌的地块均易发病。

3. 防治措施

（1）选用抗病品种　如西芹3号、春丰、冬芹等。

（2）从无病株采种及进行种子消毒　采种时应选择茎、叶上无病的植株。种子消毒。播种前用50℃温水浸种30分钟，均匀搅拌，用冷水冲净后晾干播种。

（3）轮作　重病地应与其他蔬菜实行2～3年轮作。发病初期摘除病叶和底部茎叶，及时清除田间病残体。

（4）加强栽培管理　施足底肥，及时追肥，防止大水漫灌，雨后及时排水。温室栽培时，要注意通风、透光，降低田间湿度，温度白天控制在15℃～20℃，晚间控制在10℃～15℃。

（5）发病初期进行药剂防治　用5％的百菌清粉尘剂，每667平方米1千克喷施。用45％的百菌清烟雾剂熏蒸，每667平方米每次200～250克。用58％瑞毒霉锰锌500倍液，或25％腈菌唑可湿性粉剂1500～2000倍液，或47％的加瑞农可湿性粉剂500倍液喷雾。

（九）芹菜叶斑病

芹菜叶斑病又名早疫病、斑点病、褐斑病。在各地普遍发生，保护地重于露地。

1. 症状识别　主要为害叶片。叶上初呈黄绿色水渍状斑，后发展为圆形或不规则形，病斑灰褐色，边缘黄色或深褐色。严重时病斑扩大汇合成斑块，造成叶片枯死。茎或叶柄上病斑椭圆形，灰褐色，稍凹陷。发病严重的全株倒伏。高湿时，病斑上长出灰白色霉层，容易被雨水冲掉。

2. 病原传播及发病规律　该病由半知菌亚门尾孢属真菌浸染引起。病菌以菌丝体附着在种子、病残体上或病株上越冬。春季条件适宜时，产生分生孢子，通过雨水飞溅、风、农具或农事操作传播，从气孔或表皮直接侵入。高温高湿有利于病害的发生。田间高湿多雨或保护地湿度大，夜间结露重，持续时间长，易发病。缺肥、灌水过多或植株生长不良发病重。

3. 防治措施

（1）选用耐病品种　如津南实芹1号。

（2）从无病株采种及进行种子消毒　从健康植株上留种。播种前用50℃温水浸种30分钟，均匀搅拌，用冷水冲净后晾干播种。

（3）加强栽培管理　实行2年以上轮作。增施磷钾肥，雨后及时排水。合理密植，科学灌溉，上午浇水。

（4）发病初期进行药剂防治　喷施50%扑海因可湿性粉剂1000～1500倍液，或40%福星乳油600～800倍液，或50%甲基硫菌灵可湿性粉剂500倍液。保护地条件下，可选用5%百菌清粉尘剂，每667平方米每次1千克。也可喷45%百菌清烟剂，每667平方米每次200克，每隔5～7天左右喷1次，连续或交替施用2～3次。

（十）芹菜菌核病

芹菜菌核病在我国各地普遍发生。夏季发病重，保护地重于露地。除为害芹菜外，还为害番茄、茄子、白菜、冬瓜、南瓜、黄瓜、马铃薯、菜豆等多种蔬菜。

1. 症状识别　为害芹菜茎基部和叶柄，受害部初呈褐色水浸状，湿度大时形成软腐，表面生出白色菌丝，后形成鼠粪状黑色菌核。

2. 病原传播及发病规律　该病由子囊菌亚门核盘菌属真菌浸染引起。病菌以菌核在土壤中或随病残体在田间及混杂在种子中越冬。环境条件适宜时，土壤中的菌核萌发出土，产生杯状褐色或盘状的子囊盘，子囊盘放出子囊孢子，借气流传播蔓延，从叶片角质层直接侵入。病株和健株之间的茎叶相互接触也可造成病害的传播。病菌喜温暖潮湿的环境，植株中后期易感病。连续阴雨、多雨、多雾的年份发病重。连作地块、地势低洼、栽植过密、氮肥施用过多利于发病。

3. 防治措施

(1) 种子处理　从无病株上选留种子或播前用10％盐水选种，除去菌核后再用清水冲洗干净，晾干播种。

(2) 加强栽培管理　清除病叶、病株、病残体，收获后及时深翻或灌水浸泡或闭棚7～10天，利用高温杀灭表层菌核。加强栽培管理保护地注意通风降湿。露地雨后及时排水。施用腐熟有机肥，增施磷钾肥。采用地膜覆盖。

(3) 发病初期进行喷药防治　喷洒50％速克灵或50％扑海因，或50％农利灵可湿性粉剂1000～1500倍液，或40％施佳乐悬浮剂1000倍液。在温室大棚内除选用以上药剂外，还可用10％的速克灵烟剂或45％的百菌清或疫霉净烟剂，每667平方米每次100～150克，熏蒸12小时，间隔8～10天再次用药，交替喷施3～4次。

(十一) 芹菜软腐病

芹菜软腐病在各地普遍发生。夏秋两季发病重。该病除为害芹菜外，还为害胡萝卜、莴苣、番茄、辣椒、洋葱、黄瓜、白菜、甘蓝、马铃薯等多种蔬菜。

1. 症状识别　主要发生于叶柄基部或茎上。叶柄基部先出现水浸状凹陷斑，淡褐色，纺锤形或不规则形，后呈湿腐状，外叶倒折变黑发臭，仅剩维管组织。

2. 病原传播及发病规律　该病由欧氏杆菌属细菌浸染引起。病原细菌病残体在土壤中越冬，借雨水或灌溉水传播蔓延。环境适宜时，病菌从芹菜伤口侵入。病菌喜高温潮湿的环境，该病在生长后期湿度大的条件下发病重。连作、地势低洼、排水不良的地块发病重。种植过密，偏施氮肥利于发病。

3. 防治措施

(1) 轮作　与非寄主作物实行 2 年以上轮作。

(2) 加强栽培管理　定植、松土或锄草时避免伤根。培土不宜过高，以免把叶柄埋入土中。雨后及时排水。发现病株及时挖除并撒入石灰消毒。发病期减少浇水或暂停浇水。增施磷钾肥。

(3) 发病初期进行喷药防治　喷洒 72％农用硫酸链霉素可溶性粉剂 3000～4000 倍液，或新植霉素 3000～4000 倍液，或 50％琥胶肥酸铜可湿性粉剂 500～600 倍液，或 60％百菌通可湿性粉剂 600 倍液，每隔 7～10 天喷 1 次，连防 2～3 次。

(十二) 菠菜霜霉病

菠菜霜霉病在部分地区发生。条件适宜时，霜霉病可迅速流行，严重威胁菠菜的生产。一般春茬保护地菠菜发病较重。

1. 症状识别　主要为害叶片，从下部叶片发生并向上发展，病斑初为水渍状淡黄色斑点，后扩大为不规则形，潮湿时叶背生长淡灰色霉层，后变为紫灰色，引起叶片腐烂。干燥条件下，叶片黄枯，变薄。严重时，整株叶片变黄枯死。

2. 病原传播及发病规律　该病由鞭毛菌亚门霜霉属真菌浸染引起。病菌以菌丝体在被害植株内和种子上越冬，也可以卵孢子在土壤中越冬。分生孢子借气流、雨水、灌溉水等进行传播蔓延，病菌一般从叶片的气孔和表皮侵入为害。低温多雨、多雾时，病害蔓延快。低洼地、重茬地、种植密度大、易造成叶面结露的地块发病重。

3．防治措施

（1）加强田间管理，做到合理密植，上午浇水，增施磷钾肥，及时松土除草。及时拔除中心病株，携出棚外烧毁。

（2）发病初期进行药剂防治，用 40％乙磷铝可湿性粉剂 200～250 倍液，或 58％甲霜灵锰锌可湿性粉剂 500 倍液，或 64％杀毒矾可湿性粉剂 500 倍液喷雾，或 25％阿米西达悬浮剂 1000～1500 倍液喷雾，或 5％的百菌清粉尘剂喷粉。

（十三）菠菜病毒病

菠菜病毒病在我国普遍发生。严重发生时，损失在 30％以上。除为害菠菜外，还为害黄瓜、芜菁、甜菜、烟草、白菜等多种植物。

1．症状识别　苗期至成株期均能发病，田间症状常因毒源不同而异。黄瓜花叶病毒浸染后表现为叶形细小、畸形或缩节丛生；芜菁花叶病毒浸染，叶片形成浓淡相间的斑驳，叶缘上卷；甜菜花叶病毒浸染表现为明脉和新叶变黄，或产生斑驳，叶缘向下卷曲。

2．病原传播及发病规律　该病由黄瓜花叶病毒、芜菁花叶病毒或甜菜花叶病毒单独或复合浸染引起。病毒在菠菜或田间杂草上越冬。由桃蚜、萝卜蚜、豆蚜、棉蚜等进行传播蔓延。汁液接触也可传病，在田间，黄瓜花叶病毒和芜菁花叶病毒往往混合发生为害，形成相应的症状，温暖干旱、杂草丛生，病害易发生和流行。

3．防治措施

（1）治蚜防病　应用银色反光膜或铝箔纸驱蚜。及时喷洒艾美乐、鱼藤酮等药防治蚜虫。

（2）及时清洁田园　铲除田间杂草，发现中心病株，立即拔除。

（3）加强栽培管理　及时浇水，适时播种。施足底肥，增施磷钾肥。

（4）发病初期进行药剂防治　用 1.5％植病灵乳剂 1000 倍液喷雾，或病毒 K 可湿性粉剂 1200～1400 倍液喷雾，或 95％病毒毙克可湿性粉剂 500～600 倍液喷雾。

（十四）菠菜炭疽病

菠菜炭疽病在我国各地普遍发生。保护地发病重，严重发生时，损失在 40％以上。

1. 症状识别　主要为害叶片及茎。叶片染病，初生淡黄色小斑，扩大呈椭圆形或不规则形，边缘呈水渍状，中央有小点。有的斑面微现轮纹。发生严重时，病斑枯黄连片。采种株主要在茎部发病，病斑为纺锤形或梭形，病组织逐渐干腐，上部茎叶易折倒，在病斑上密生黑色轮纹状排列的小粒点。

2. 病原传播及发病规律　该病由半知菌亚门炭疽病属真菌浸染引起。病菌主要以菌丝体和分孢盘随病残体遗落在土中存活越冬，种子亦可带菌。翌年春天条件适宜时产生分生孢子，借风雨传播，从伤口或穿透表皮侵入，产生分生孢子盘和分生孢子进行再浸染。降雨多、地势低洼、湿度过大、栽植过密、植株生长不良时发病重。

3. 防治措施

（1）从无病种株上留种及进行种子处理　播种前用 50℃温水浸种 30 分钟，用冷水冲净后晾干播种。

（2）清洁田园　及时清除病残体，携出温室外烧毁或深埋。

（3）加强栽培管理　增施有机肥和磷钾肥，适时喷施叶面肥，避免偏施氮肥。改善田间通透条件，雨季注意排水，平时小水勤浇，忌大水漫灌。

（4）发病初期进行药剂防治　用 50％炭特灵可湿性粉剂 500 倍液，或 25％施保克乳油 1500～2000 倍液，或 50％施保功可湿性粉剂 1500～2000 倍液，或 6.5％甲霉灵超细粉尘每 667 平方米 1 千克喷粉。

第三章　蔬菜田杂草及化学除草技术

一、蔬菜田主要杂草

（一）禾本科草主要杂草形态特征与发生特点

马唐、狗尾草、稗草、牛筋草、白茅、芦苇、虎尾草、狗牙根、看麦娘、大画眉草、草熟禾。

1. 马唐　别名抓地草。形态特征：植株向四周平铺生长，分枝。节部着地生根。叶片柔软，疏生软毛或无毛。总状花序3～10枚，指状排列或下部的近于轮生；小穗长3～3.5毫米；第1颖微小明显；第2颖长为小穗的1/2～3/4，边缘有纤毛；第1外稃具有5～7脉，脉间距离不匀；第2稃色淡，边缘膜质，覆盖内稃。种子长椭圆形，淡黄色。发生特点：1年生杂草。种子繁殖，对环境适应性强，生长茂盛，是蔬菜田重要杂草。

2. 狗尾草　别名毛毛狗。形态特征：株高30～100厘米。叶片条状披针形，宽2～20毫米。圆锥花序紧密呈柱状，长2～15厘米；小穗长2～2.5厘米，2至数枚成簇生于缩短的分枝上，基部有刚毛状小枝1～6条，成熟后与刚毛分离而脱落；第1颖长为小穗的1/3；第2颖与小穗等长或稍短；第2外稃有细点状皱纹，成熟的背部稍隆起，边缘卷抱内稃。种子椭圆形。发生特点：1年生杂草。种子繁殖。适应性强，是菜田的重要杂草。

3. 稗草　别名稗。形态特征：植株丛生，直立或扩展，高50～130厘米。叶片条形，中脉明显，无叶耳，无叶舌。圆锥花序直立或下垂呈不规则的塔形；花序主轴具棱角；小穗长约3毫米，密集于穗轴一侧，具长短不一的芒。谷粒椭圆形，平滑光亮，顶端具小尖头。发生特点：1年生杂草。种子繁殖。每株稗草一般可分蘖十多个或数十个，每个穗通常可结 600～1000 粒种子，一株稗草的种子少的有上万粒，多的达十多万粒。稗草适应性强，喜湿润，耐干旱，繁殖力强，根系发达，吸肥力强，中期生长迅速。

4. 牛筋草　别名蟋蟀草。形态特征：秆扁平，高 15～90 厘米。叶条形，长 15～30 厘米、宽 3～5 毫米，叶面有稀的长毛。叶鞘无毛，鞘口有柔毛，叶舌短。穗状花序 2～7 枚，生于秆顶，呈指状排列；小穗密集于穗轴的一侧成两行排列，长 4～7 毫米，含 3～6 小花；第 1 颖具 1 脉；第 2 颖与外稃都有 3 脉。发生特点：1 年生杂草。种子繁殖。繁殖力强。该草适应性广，是旱田主要杂草。

5. 白茅　别名茅草。形态特征：有长根状茎。秆 2～3 节，节上常有白色长柔毛。叶片条形或条状披针形，叶背主脉明显突出。圆锥花序紧缩呈穗状，有白色丝状柔毛；总状花序短而密；穗轴不断落；小穗成对生于各节，一柄长，一柄短，均结实且同型，含 2 朵小花，仅第 2 小花结实，基部密生长为小穗 3～5 倍的丝状毛；第 1 颖两侧具脊；芒缺。种子细小，紫色。发生特点：多年生杂草。根茎和种子繁殖。生活力强，为农田比较难除的杂草。

6. 芦苇　别名苇子。形态特征：秆直立，丛生，根茎粗壮，节间中空。叶鞘圆筒形；叶舌有毛；叶片广披针形或阔条形。圆锥花序顶生，微弯曲下垂，分枝多而密；小穗有 4～7 朵小花；第 1 花多为雄性，其他为两性。种子长圆形。发生特点：多年生草本。根茎和种子繁殖。喜生于水湿环境。

7. 虎尾草　别名刷子草。形态特征：秆丛生，直立或斜生，高 20～60 厘米。叶片条状或披针形；叶鞘光滑扁平或背部具脊；叶舌具微纤毛。穗状花序 4～10 条簇生秆顶呈毛刷状。种子纺锤形或狭椭圆形，淡棕色。发生特点：1 年生杂草。种子繁殖。群生或单生，主要生于沙质地。

（二）莎草类主要杂草形态特征与发生特点

异型莎草、水莎草、牛毛毡、扁秆藨草、香附子、碎米莎草。

1. 异型莎草　别名球穗莎草，红头草。形态特征：秆丛生，高2～65厘米，扁三棱形。叶短于秆，宽2～6毫米。叶鞘红褐色。苞片2～3，叶状，长于花序；长侧枝聚伞花序，有3～8个不等长的辐射枝，梗端单生由多数小穗集成的头状花序，淡褐色至黑褐色。种子倒卵状椭圆形，三棱形，淡黄色。发生特点：1年生湿性杂草。种子繁殖。由于植株产生种子数量极多，繁殖力很强。

2. 水莎草　别名三棱草。形态特征：匍匐根，茎长。秆散生，直立，扁三棱形，下部生叶。叶条形。苞片3个，叶状，较花序长1倍；长侧枝聚伞花序复出，有4～7个辐射枝；小穗平展，条状披针形；小穗轴有透明翅；鳞片2列；雄蕊3个；柱头2个。小坚果椭圆形或倒卵形。发生特点：多年生杂草，根茎和种子繁殖。喜生于湿地及稻田。

3. 牛毛毡　别名牛毛草。形态特征：具极细的匍匐根状茎。秆密丛生直立，不分枝，细如牛毛，高2～12厘米。叶退化只剩管形叶鞘，叶鞘膜质。小穗单一顶生，卵形，略扁平，鳞片膜质。种子（小坚果）狭长圆形，无棱，表面呈横矩形的隆起的网纹。发生特点：多年生杂草。种子和匍匐根状茎繁殖。喜生水湿地，吸肥力强。

4. 扁秆藨草　别名地梨子。形态特征：秆高60～100厘米，三棱形，平滑，基部膨大。叶基生和秆生，条形，扁平，基部具长叶鞘。聚伞花序短缩成头状，有1～6小穗；小穗卵形或矩圆形，锈褐色，具多数花；鳞片矩圆形膜质，被柔毛，有芒。种子（小坚果）倒卵形。发生特点：多年生杂草。根状茎、块茎和种子繁殖，繁殖力和再生力很强，蔓延快，在水田中常成片生长。

（三）阔叶类主要杂草形态特征与发生特点

藜、向日葵列当、鸭舌草、朝天委陵菜、鸭跖草、龙葵、繁缕、问荆、车前、打碗花、田旋花、地肤、猪毛菜、铁苋菜、夏至草、婆婆纳、野胡萝卜、灰绿碱蓬、牛繁缕、曼陀罗、离子草、地锦草。

1. 藜　别名灰菜。形态特征：茎直立，有棱和条纹。上部多分枝。叶互生，有细长柄；叶片卵形、菱形或三角形，边缘有不整齐的锯齿，叶背生灰绿色粉粒。圆锥花序顶生或腋生，两性花。果期花被片增大，包裹胞果。种子黑色，有光泽。发生特点：1年生杂草。种子繁殖。性耐盐碱，适应干旱，为菜田重要杂草。

2. 向日葵列当　别名列当。茎直立，不分枝，高15～50厘米，肉质。叶退化成鳞片状。花序穗状，苞叶披针形；萼齿5；花冠二唇形，上唇2裂，下唇3裂；雄蕊4；子房卵形，柱头膨大，花柱下弯。蒴果卵形，熟后裂开。种子极小，略卵形，表面有网纹。发生特点：1年生寄生性杂草。种子繁殖。主要为害向日葵。

3. 鸭舌草　别名鸭仔菜。形态特征：茎短，有分枝。叶于基部长出，具长柄，叶片披针形或卵形，叶柄中部常有一个纺锤形的膨大部分，基部有紫红色的膜质鞘。总状花序，有花1～3朵，由叶鞘内抽出，花呈钟状，淡蓝色。种子细小，数量很多。发生特点：1年生杂草。喜生沼泽地，繁殖力强。

4. 朝天委陵菜　别名野香菜。形态特征：茎平铺或倾斜伸展，分枝多，疏生柔毛。羽状复叶；基生叶有小叶7～13，小叶倒卵形或短圆形，先端圆钝，边缘有缺刻状锯齿，上面无毛，下面微生柔毛。花单生于叶腋，黄色，瘦果卵形，黄褐色。发生特点：1年生杂草。种子繁殖。适生于湿润土壤，为旱作物田常见杂草。

5. 鸭跖草　别名蓝花菜。形态特征：株高40厘米左右，茎多分枝，下部节上生根。叶互生，叶片披针形。花腋生或顶生，蓝色。蒴果椭圆形，果皮膜质，皱褶，内含4粒种子。种子具有不规则窝孔。发生特点：1年生杂草。种子繁殖。适应性很强，常成为农田优势群落，是旱田主要杂草。

6. 龙葵　别名黑星星。形态特征：茎直立，多分枝。叶互生，具长柄，叶卵形，全缘或有不规则的波状粗齿，两面光滑或有疏短柔毛。伞形聚伞花序腋外生，花梗细长；花萼杯状；花冠白色，辐状，5裂，裂片卵状三角形；雄蕊5；子房卵形，花柱中部以下有白色茸毛。浆果球形，成熟时呈黑色。种子近卵形，压扁状。发生特点：1年生杂草。种子繁殖。适生于较湿润而肥沃的农田，田间个体数量虽少，但植株较大，为害严重。

7. 繁缕　别名鹅肠草。形态特征：茎直立或平卧，高10～30厘米，茎基部多分枝，匍匐，节上生根，茎一侧有一行短柔毛，其余部分无毛。叶对生，卵形，全缘。花单生于叶腋或成顶生的聚伞花序；萼片5，绿色有柔毛，边缘膜质；花瓣5，白色短于萼片，2深裂几乎达基部；雄蕊10，花柱3～4裂。蒴果卵形或长圆形，先端6裂。种子黑褐色，圆形，密生小突起。发生特点：1年生或多年生杂草。种子和根茎繁殖。菜田常见杂草。

8. 车前　别名车轱辘菜。形态特征：有须根。基生叶直立，卵形或宽卵形。花葶数个，直立，长20～45厘米；花密集于花葶上端，呈穗状；苞片宽三角形，短于萼处；花冠裂片披针形。蒴果椭圆形。种子呈褐色。发生特点：多年生杂草，用种子和根芽繁殖，是菜田常见杂草。

9. 问荆　别名接骨草。形态特征：根茎发达，入土深达1～2米。地上茎直立，孢子囊穗顶生，孢子茎死亡，之后在同一根上生出营养茎，节明显。叶退化，分枝轮生，中实。发生特点：多年生杂草。以根茎繁殖为主，孢子亦能繁殖。生于农田、荒地等湿润处，常形成优势群落，为农田重要杂草。

10. 打碗花　别名喇叭花。形态特征：茎自基部分枝，缠绕或匍匐生长，有细棱，光滑无毛。叶互生，具长柄；基部叶长圆形，全缘；上部叶三角状戟形，先端钝或尖，无毛。花腋生。蒴果卵圆形。种子黑褐色，卵圆形，不易脱落。发生特点：多年生蔓性杂草。种子和根芽繁殖。主要为害豆类、小麦、玉米、蔬菜、甜菜等作物。

11. 田旋花　别名小喇叭花。形态特征：有直根和根状茎。茎缠绕或匍匐生长，绿色，有棱，常扭曲。叶互生，具长柄，基部戟形或箭形，先端圆形或圆锥形。种子三棱状卵球形，暗褐色，有皱波状小突起。发生特点：多年生蔓性杂草。种子或根茎繁殖。主要为害蔬菜、小麦、果树、玉米、豆类等。

12. 地肤　别名扫帚菜。形态特征：幼苗子叶条形，灰绿，背面紫红，无柄。成株茎直立，高大，分枝斜展呈扫帚状，枝有条纹，绿色，秋季变红色。叶互生，叶片披针形，无柄。叶面有毛，边缘有长毛。小花生于叶腋，花被5片，黄绿色。发生特点：1年生杂草。种子繁殖。适生于肥沃的土壤。

13. 猪毛菜　别名扎蓬棵。形态特征：茎近直立，茎基部分枝，有条纹，光滑无毛。叶互生，叶条状柱形，肉质，先端具小刺。花序穗状，细长，生于枝条上部；苞片具硬针刺；花被5片，膜质。胞果倒卵形，果皮干膜质。种子近球形，灰褐色。发生特点：1年生杂草。种子繁殖。耐干旱与瘠薄。

14. 铁苋菜　别名野苏子。形态特征：茎直立，多分枝。叶互生，椭圆形、椭圆状披针形或卵状菱形，边缘有钝齿。花单生，雌雄同序，无花瓣；穗状花序腋生；雄花生于花序上部，穗状；雌花在下，生于叶状苞片内。蒴果小，钝三棱状。发生特点：1年生杂草。种子繁殖。适生于较湿润肥沃的农田。

二、蔬菜田草害的防除技术

蔬菜种类较多，一种蔬菜又有很多品种，每种蔬菜的栽培时间、栽培方式也存在差异，且轮作倒茬频繁、间套种普遍。由于蔬菜栽培的复杂性，要求使用除草剂时必须严格掌握各种除草剂的特性，某种药剂在某种栽培方式下可能安全、高效，而在另一种栽培方式下可能效果较差，甚至产生药害。因此，蔬菜田除草要根据蔬菜种类、品种、栽培时期、栽培方式、土质、管理方式等多种因素全面考虑，合理选用。

（一）杂草的防除方法

1. 人工除草法　人工拔草或结合中耕进行除草，这种方法劳动强度较大，费工较多。

2. 农业防除法　利用农业措施达到除草的目的，如轮作、深耕、合理安排茬口、施用充分腐熟的肥料等。

3. 机械除草法　利用各种中耕机械进行除草。这种方法对减轻劳动强度、提高工作效率有良好作用，但只能除去行间杂草，不能除去株间杂草。

4. 化学防除法　它是当前防除杂草的一种重要手段。

除草剂的种类有 3 种：

（1）土壤处理剂　适用于蔬菜播前或播后苗前，如氟乐灵、地乐胺除草剂 1 号。

（2）茎叶处理剂　这类除草剂只适用于某作物的某一生育期，使用时注意防止药害。

（3）茎叶兼土壤处理剂　菜田化学除草多采用土壤处理法，而茎叶处理很少应用。土壤处理法就是将药剂撒施到土壤表面，形成一个药剂封闭层，当杂草萌发时，幼芽、芽根接触药剂而被杀死，从而达到除草的目的。土壤处理的具体措施有喷雾法、喷洒法、随水浇灌法和毒土法等。其中喷雾法和毒土法防草效果较好，是目前菜田应用最广泛的方法。

（二）药剂选择

蔬菜种类很多，其栽培方式、抗药能力各不相同。在进行化学除草时，应根据蔬菜种类及杂草生长情况，选择适宜的药剂及使用方法。

1. 伞形花科蔬菜　包括芹菜、胡萝卜、茴香、芫荽等，对多种除草剂有较强的抗药性，常用的除草剂有氟乐灵、地乐胺、扑草净、胺草磷等。芫荽是伞形科蔬菜中抗药性最弱的一种，因此，用药量不宜过大，也不宜做苗后处理，以免发生药害。

2. 百合科蔬菜　包括韭菜、葱、洋葱、大蒜等，常用除草剂有除草通、地乐胺、除草剂 1 号、氟乐灵等，可在播种后出苗前处理土壤。对移栽洋葱、老根韭菜和大葱亦可使用。

3. 十字花科蔬菜　种类多，栽培面积大，各种蔬菜对除草剂的抗性差异较大。直播时，以萝卜抗药性最强，甘蓝和大白菜次之，小油菜抗药性较差，花椰菜抗性最差。胺草磷可在上述几类蔬菜上使用，地乐胺可在前两类蔬菜上使用，除草通和拉索只能在萝卜上使用。

4. 茄科蔬菜　在移栽前后用氟乐灵和地乐胺效果较好。番茄在播后苗前还可用胺草磷、赛克津等处理土壤，防除苗期杂草。

5. 葫芦科蔬菜　主要包括各种瓜类作物，其中黄瓜抗药性最差，对多种除草剂都比较敏感，易发生药害。经初步试验，胺草磷、地乐胺、除草通对直播黄瓜比较安全。冬瓜和南瓜比黄瓜抗药性强，除可用上述除草剂外，还可用氟乐灵除草。

三、蔬菜田化学除草发生药害的原因及对策

蔬菜田土地肥沃，灌溉便利，对蔬菜的生长非常有利，但同时也是杂草生长发育的适合场所。蔬菜田化学除草的优点是能够及时控制杂草，节省大量劳动力，促进蔬菜大幅度增产。但在蔬菜田化学除草过程中，由于除草剂使用不当，常导致蔬菜畸形生长、茎叶扭曲或丛生、植株矮缩、花而不实等现象的发生。现就药害产生的原因及应采取的措施谈几点体会。

（一）蔬菜田化学除草产生药害的主要原因

1. 用药对象不对　除草剂具有很强的选择性，其防除对象有一定的范围，一旦用错就会产生药害。有些除草剂是用来防除单子叶杂草的，就不能用在单子叶蔬菜上；有些除草剂是用来防除双子叶杂草的，就不能用在双子叶蔬菜上。如 2，4－D 主要用于单子叶蔬菜杂草的防除，如果用在瓜类等双子叶蔬菜上，就会产生药害。

2. 用药时间不对　除草剂有严格的施用期，适时施药是应用除草剂效果好坏的关键。由于除草剂的种类、剂型、作用方式及蔬菜的种类的不同，有些除草剂只用于播前土壤处理，有些可用于播后苗前处理，还有的可用于苗期处理，切不可任意使用，否则易出药害。

3. 用药剂量过大　除草剂的使用量有严格的规定，使用前必须确定适宜的施药量。同一种除草剂在不同地区（如南方和北方），或在同一地区的不同季节（如春季和夏季），或在不同土壤条件下（如黏土和沙土）对不同的杂草（如单子叶杂草和双子叶杂草），或不同的蔬菜的不同生育期，或同一蔬菜的不同生育期，其施药量均不相同。如果任意加大用量，就会产生药害。

4. 施用方法不当　常年施用残效期长的单一除草剂，如西玛津，会对下茬蔬菜造成药害；用泼浇法或随水浇法施用除草剂，常由于药液的局部集中造成药害；打药工具清洗不彻底，用过除草剂的喷雾器，没经彻底清洗，又用于喷杀虫剂或其他药剂，往往致使蔬菜发生"二次药害"。

5. 环境条件不适宜　除草剂的适用有一定的环境条件要求，气温过高或过低，大风大雨时容易产生药害。如施用拉索时，若气温剧降，土壤过湿，会使菜豆、蚕豆产生药害。在沙性强的土壤上施用除草剂，易产生药害，特别是水溶性大，移动性强的除草剂应特别注意。

（二）避免产生药害的有效措施

1. 根据作物种类和防除对象，购买适当的除草剂　依据标签上的说明，弄清药剂名称、剂型、有效成分含量和使用量，搞好药剂试验。在推广使用新的除草剂之前，要搞好田间试验，检验除草剂的除草效果和对农作物的安全性，防止发生药害。

2. 严格掌握用药时间　适机施药是指根据蔬菜生长情况和除草剂的性质及其他客观条件等因素综合考虑施药时间。凡是由种子繁殖的蔬菜作物，在播种后出苗前杂草正在萌动时（天气暖和的季节一般在播种后 2～3 天内）施药效果最好，如在蔬菜已经出苗时再施药，就会因药剂直接接触作物幼芽而引起药害。移栽的蔬菜作物必须在缓苗后杂草正在萌动时施药，未缓苗就施药，容易产生药害。

3. 严格掌握用药量　特别是一些高效除草剂，必须严格控制用药量，防止发生药害。在沙壤土上应当减少除草剂的使用量或不用。

4. 合理混用除草剂　将不同作用方式的除草剂混用，可降低用药量，亦可扩大杀草谱，将持效期长的除草剂和持效期短的除草剂混合使用，不仅可防除前期萌生的杂草，而且能基本上控制作物全生育期的草害。实行混用的除草剂用量通常为单用剂量的一半以下。

5. 掌握正确的施用方法　避免长期施用残效期长的药剂，使用时将药剂充分混匀，以免局部浓度过高。喷施除草剂的工具在使用后要彻底清洗干净。改喷杀虫剂或杀菌剂前要用清水试喷，确认无药害时再使用。

6. 选择适宜环境条件用药　土壤处理剂受土质、温度、风雨等环境因素的影响较大。在气温过高过低，大风大雨天应禁止用药。一般选择无风天气，温度在 15℃～25℃ 范围内，施用效果最好。某些除草剂如百草枯晴天处理当然有效，若在傍晚或阴天使用更有利于药剂在植物体内传递，再见光照杂草死亡更彻底。茎叶处理剂受药滴大小和助剂的影响比较大。一般药滴大、药剂展着性好的药剂效果好。

第四章 蔬菜常用农药

一、农药的使用方法

不同的农药剂型，具有不同的使用方法。

1. 喷粉 将粉剂农药装在撒粉机具里施用的用药方法。

2. 喷雾 将乳油、可溶性粉剂、乳粉等加水稀释后用喷雾机具喷雾的方法。又分高容量喷雾、常规量喷雾、低容量（弥雾）喷雾、超低容量喷雾。

3. 拌种 将粉剂、可湿性粉剂或悬浮剂与种子置于拌种器内拌和均匀，力求使每粒种子外面都能包上一层薄薄的药膜，再播种。如种子包衣剂。

4. 浸种 用乳油、可湿性粉剂等加水稀释成药液浸泡种子的用药方法。

5. 毒饵 将胃毒剂与饵料配成毒饵，用以防治地下害虫、害兽的用药方法。常用的饵料有：麦麸、谷糠、豆饼、马铃薯、野菜、玉米心等。

6. 毒谷 以谷物为饵料与胃毒剂配成诱杀害虫的称为毒谷，毒谷多用来防治地下害虫。饵料可用谷子、高粱、玉米、豆饼等。毒谷可与种子混播，或先撒在播种沟内再播种。

7. 毒土 农药与湿润细土混合均匀后，撒于地面，或与种子混合播种，或撒于播种沟内，或撒于水面，是用来防治病、虫、杂草的用药方法。

8. 熏烟 用烟剂点燃发烟，或用农药原药直接加热发烟，用来防治病虫的用药方法。

9. 土壤处理 用撒粉、喷雾、毒土等方法，在秋季、春季或播前、播后苗前将农药施于地面，或翻耕土地时使药剂分散在土壤耕层内，或将液体农药注入土壤层中，用来防治病、虫、杂草的用药方法。

10. 泼浇　用大量水稀释农药，泼浇在农作物上，利用药剂的触杀作用，或内吸作用，防治病、虫、杂草的施药方法。

11. 涂抹　将农药制剂加固着剂和水制成糊状物，用来处理种子、树干、墙壁等防治病虫的施药方法。

除上述的施药方法外，还有多种方法，如内吸杀虫剂还可以用包扎、注根、注入等方法。也可用农药与化肥制成颗粒剂施用。

二、蔬菜田常用杀虫剂

1. 吡虫啉　又名大功臣、蚜虱净、一遍净、康福多、速克星、扑虱蚜、咪蚜胺、比丹、灭虫精。

2. 氰戊菊酯　又名速灭杀丁、杀灭菊酯、中西杀灭菊酯、戊酸氰菊酯、异戊氰酸酯、敌虫菊酯、百虫灵。

3. 氟氯氰菊酯　又名百树菊酯、百治菊酯。

4. 氯氰菊酯　又名灭百可、兴棉宝、百事达、全胜、百胜、塞波凯。

5. 溴氰菊酯　又名凯安宝、溴氰苯醚菊酯、二溴苯醚菊酯、凯素安（卫生用）。

6. 甲氰菊酯　又名氰氯苯醚菊酯、朝阳乐、S－3306。

7. 联苯菊酯　又名天王星、虫螨啉、苯菊酯。

8. 顺式氯氰菊酯　又名高效兴棉宝、高效氯氰菊酯、快杀敌、奋斗呐。

9. 顺式氰戊菊酯　又名高氰戊菊酯。

10. 氟氯氰菊酯　又名保好鸿、氟氰菊酯、甲氟菊酯、中西氟氰菊酯。

11. 多威　又名万灵、快灵、灭多虫、灭索威、虫特威、乙肟威、速灵1号。

12. 抗蚜威　又名辟蚜雾、灭定威、比加普、蚜螨特。

13. 噻嗪酮　又名优乐得、扑虱灵、稻虱净、NNI－750、环烷酮。

14. 苏云金杆菌　又名青虫菌、BT、杀虫菌 1 号、果菜净、菌杀敌。

15. 双脒　又名螨克、阿螨特拉兹、双二甲脒、三亚螨、杀伐螨、一扫螨、达克螨、虫螨脒。

16. 伏杀硫磷　又名左罗纳、伏杀磷。

17. 辛硫磷　又名倍氰松、倍晴松、肟硫磷、脎肟磷。

18. 杀朴磷　又名速朴杀、杀朴磷、速蚧克。

19. 毒死蜱　又名乐斯本、氯吡硫磷、杀死虫蓝珠、陶斯松、新衣宝。

20. 哒螨酮　又名哒螨灵、速螨净、扫螨净、牵牛星、农螨毙、杀螨一片净、灭螨灵、苯双得、克特多、绿旋风、螨必死、杀螨达、扑螨达、速螨酮、扑螨突。

21. 三唑锡　又名三唑环锡、倍杀螨、亚环锡、螨无踪、倍乐霸、倍乐霜、灭螨锡。

22. 克螨特　又名丙炔螨特、汰螨乐、敌螨、杀螨净。

23. 苯丁锡　又名托尔克、克螨锡、杀螨锡、螨哒锡。

24. 三氯哒　又名螨速毙、爱杀螨、怪杀净、绝螨达、螨灵、螨霜、毙螨达、霜螨清、怪手。

25. 克螨特　又名丙炔螨特、汰螨乐、敌螨、杀螨净。

26. 柴哒　又名利果灵、杀螨利果、大克螨、舍霸螨、力克螨、扫螨利果、特螨克威。

27. 四螨嗪　又名螨死净、阿波罗。

28. 爱利螨克　又名爱比菌素、害极灭、爱福丁、齐螨素、富农、虫螨克、农哈哈、青青乐。

29. 螨代治　又名溴螨酯、新杀螨、纽朗、溴杀螨、溴杀螨醇。

三、蔬菜田常用杀菌剂

1. 防治卵菌病害的杀菌剂

（1）霜脲锰锌 又名克露、露克星，是由霜脲腈和代森锰锌混配而成。该药属广谱杀菌剂，具有局部内吸作用，有抑制产孢子和孢子浸染的能力，对卵菌引起的病害有较好的防治效果，主要用于防治蔬菜的霜霉病和疫病等。

（2）霜霉威酸盐 又名普力克、扑霉特，属内吸性氨基甲酸酯类杀菌剂，能防治由腐霉菌引起的土壤传播病害以及由霜霉菌引起的叶部病害，适用于土壤处理和叶面喷雾，对蔬菜猝倒病、疫病、霜霉病有较好的防治效果。

2. 防治白粉病和锈病的药剂

（1）腈菌唑 复配品种有仙生等，属三唑类杀菌剂，是甾醇脱甲基化抑制剂，有较强的内吸性，杀菌谱广，药效高，持效期长，具有预防和治疗作用，对子囊菌、担子菌、核盘菌均有较高防效，并可防治由镰刀菌、核腔菌引起的病害，主要防治蔬菜的白粉病、锈病和黑星病，可试用防治瓜果类的枯萎病。

（2）烯唑醇 又称速保利，属三唑类广谱内吸性杀菌剂，是麦角甾醇甲基化抑制剂，抗菌谱广，特别对于子囊菌、担子菌、半知菌亚门真菌有较高防效，具有较高的杀菌活性和内吸性，有保护治疗和铲除作用，主要用于防治蔬菜白粉病、锈病、黑星病。

3. 防治叶斑病的药剂

（1）施保功 属咪唑类广谱性杀菌剂，不具有内吸作用，但有良好的传导功能，因此具有保护和铲除作用，对子囊菌引致的多种病害有特效，主要用于防治蔬菜炭疽病、叶斑病等。

（2）多菌灵 属苯并咪唑类低毒杀菌剂，对多数子囊菌和半知菌有效，对卵菌和细菌引起的病害无效，可用于防治蔬菜类叶斑病和瓜类枯萎病。

4. 防治细菌性叶斑病的药剂 可杀得 2000 属于无机铜类保

护性广谱杀菌剂，通过释放铜离子均匀覆盖在植物表面，从而防治病害，对多数真菌性病害和细菌性病害有效，可用于防治瓜类细菌性角斑病。

5. 防治病毒病的药剂　病毒 A 是由盐酸吗啉双胍和醋酸铜复配而成。盐酸吗啉双胍是一种广谱病毒防治剂，经释放后喷施到植物表面，药剂可通过植物的水气孔进入植物体，抑制或破坏病毒的核酸和脂蛋白的形成，阻止病毒的复制过程，起到防治病毒作用，而醋酸铜可保护植物及预防其他菌类引起的病害，起到辅助作用，对蔬菜的病毒病具有良好的预防和治疗作用。

四、蔬菜田常用除草剂

1. 苯氧羧酸类除草剂　2，4－D 丁酯、二甲四氯钠盐。

2. 芳氧苯氧基丙酸类除草剂　禾草灵、盖草能、稳杀得、禾草克、恶禾灵。

3. 苯甲酸类除草剂　豆科威、敌草索。

4. 酰胺类除草剂　甲草胺、乙草胺、都尔、大惠利、丁草胺、毒草胺。

5. 二硝基苯胺类除草剂　氟乐灵、除草通、地乐胺。

6. 二苯醚类除草剂　果尔、虎威。

7. 硫代氨基甲酸酯类除草剂　燕麦畏、杀草丹、灭草猛。

8. 三氮苯类除草剂　扑草净、西草净、阿特拉津、赛克津。

9. 脲类除草剂　利谷隆、伏草隆、绿麦隆、莎草隆。

10. 有机杂环类除草剂　苯达松、恶草灵、杀草敏、百草枯、仙治。

11. 环乙烯酮类除草剂　拿捕净、噻草酮。

12. 其他类除草剂　甜菜宁、草甘膦、甜安宁、普施特、收乐通、草乃敌、菌达灭。

五、植物生长调节剂在蔬菜上的应用

蔬菜的生长、发育和繁殖除了受遗传因素和栽培条件影响外，还受各类植物激素的控制。植物生长调节剂在促进扦插枝生根、防止菜苗徒长、矮化株形、防止落花落果，形成无子果实、控制花性别转化、增加产量等方面，越来越受到蔬菜生产者的重视。

1. 控制休眠与萌发

（1）抑制鳞茎的萌发　用浓度为 2500 毫克/升的青鲜素在洋葱、大蒜采收前 15 天左右处理，即洋葱头直径 5～7 厘米，蒜头直径 3～5 厘米，外部已有 2～3 片叶枯萎，而中间叶尚青绿时进行。

（2）抑制马铃薯块茎萌芽　在马铃薯生长后期，采收前 2～3 周，在田间喷洒 2000～3000 毫克/升的青鲜素。采收前若没有处理，可以在采收后贮藏库中进行，方法更加简单。具体做法是将萘乙酸甲酯喷于一般的干土或纸屑上，然后将处理过的干土或纸屑与马铃薯块混在一起，5000 千克马铃薯要用萘乙酸甲酯 100～150 克。

（3）抑制根菜的萌芽　萝卜、胡萝卜等根菜类在采收前 4 天用 1000～5000 毫克/升的萘乙酸喷洒叶面，在较低气温下贮藏可以有效抑制萌芽。

（4）促进蔬菜种子萌发　在秋季高温季节播种莴苣，用 100 毫克/升的赤霉素浸种 2～4 小时，发芽率可由 24% 提高到 70%，对于需光才萌发的种子也有解除休眠的作用。

2. 调节生长

（1）促进生长、增加产量　冬芹菜在生长期间用 10～20 毫克/升的赤霉素喷洒植株，能使株高增加，叶数增多，叶柄增粗，并提前 1 月采收，可增产 26.5%～26.7%。花椰菜长到 6～8 片叶时，茎粗 0.5～1.0 厘米时用 100 毫克/升的赤霉素处理，可提早形成花球，提前 10～25 天采收。

（2）防止徒长　蔬菜徒长苗抗性弱，成株后产量低。为使植株矮化、粗壮、株形紧凑，可以用 250～500 毫克/升的矮壮素处理幼苗。

3. 控制瓜类性别 当黄瓜幼苗长出 4 片真叶时，用 150 毫克/升乙烯利处理，能明显增加雌花数，提高产量。相反，用 50 毫克/升的赤霉素在苗期喷洒会抑制雌花发生，抑制效果随浓度升高而显著。

4. 防止花器官脱落 防止番茄落花，可用 10～15 毫克/升的 2，4－D 浸花，但易产生药害。为防产生药害，可以使用 10～15 毫克/升的防落素喷花。防止茄子落花可用 3 毫克/升或者 10～15 毫克/升的防落素。防止辣椒落花可用 50 毫克/升的萘乙酸、或 20～30 毫克/升的 2，4－D，或 30～50 毫克/升的防落素。此外，应用植物生长调节剂是防止瓜类化瓜、提高坐果率的一项重要措施。

5. 控制抽薹开花

（1）促进抽薹开花 对 2 年生的胡萝卜、白菜、甘蓝、芹菜等用 50～500 毫克/升的萘乙酸处理，不需经过低温春化，即可促使越冬前抽薹开花。对花椰菜用 500 毫克/升的赤霉素，每隔 1～2 天滴一次花球，也可促进花梗生长而开花。

（2）抑制抽薹开花 用 100 毫克/升邻氯苯氧丙酸喷洒植株能显著抑制芹菜抽薹，促进产品器官的形成。

6. 促进果实发育与成熟

（1）形成无子果实 番茄产生无子果实在初花期授粉前用 10～25 毫克/升的 2，4－D 浸花或用 10～50 毫克/升的防落素喷花，茄子用 5 毫克/升、15 毫克/升、30 毫克/升的 2，4－D 在开花期间喷花，也可产生无子果实，黄瓜用 1%、2.5%、5%萘乙酸丰毛脂和 500 毫克/升萘乙酸水剂处理雌花产生无子果实。西瓜用秋水仙碱处理，使西瓜后代变成 4 倍体，再与 2 倍体西瓜杂交，产生 3 倍体的无子西瓜。

（2）促进果实成熟 在转色期的青熟果实用 1000～4000 毫克/升乙烯利浸果 1 分钟，捞出沥干后放置于 22℃～25℃的环境条件下，经 2～3 天即可由青转红，也可在植株上用 2000～4000

毫克/升乙烯利涂果,可提前6~8天成熟。在采收红辣椒时,有1/3辣椒果实转红时,用200~1000毫克/升乙烯利喷洒在植株上,经4~6天后果实全部转红。果实转红自然与温度有关,温度高转红快,若低于15℃就不易转红。

西瓜也可用乙烯利催熟,但品种不同要求的浓度不同,如中育1号、新澄1号等品种用100~300毫克/升,密宝、浙密1号等用300~500毫克/升。使用乙烯利催熟不可用高浓度注射于西瓜果实内,以防产生瓜瓤成熟过度而不能食用。

六、蔬菜常用农药的安全间隔期

很多菜农在使用农药防治病虫害时,往往不注意蔬菜上市前的安全间隔时间,造成蔬菜上的农药残留量大。为此,广大菜农应加强认识,注意蔬菜用药后上市间隔期。现将蔬菜上常用的农药安全间隔期介绍如下:

1. 杀虫剂 10%氯氰菊酯乳油2~5天,2.5%溴氯菊酯2天,2.5%功夫乳油7天,50%抗蚜威可湿性粉剂6天,1.8%爱福厂乳油7天,10%快杀敌乳油3天,40.7%乐斯本乳油7天,20%氰戊菊酯乳油5天,35%优杀硫磷7天,20%甲氰菊酯乳油3天,10%马扑立克乳油7天,25%喹硫磷乳油9天,50%抗蚜威可湿性粉剂6天,5%多来宝可湿性粉剂7天。

2. 杀菌剂 75%百菌清可湿性粉剂7天,77%可杀得可湿性粉剂3~5天,50%扑海因可湿性粉剂4~7天,70%甲基托布津可湿性粉剂5~7天,50%农利灵可湿性粉剂4~5天,50%加瑞58%瑞毒霉锰锌可湿性粉剂2~3天,64%杀毒矾可湿性粉剂3~4天。

3. 杀螨剂 50%溴螨酯乳油14天,50%托尔克可湿性粉剂7天,735克螨特乳油7天,20%双甲脒乳油14天,25%单甲脒水剂14天,35%环锡可湿性粉剂10天。

4. 除草剂 普施特(咪草烟、咪唑乙烟酸),须间隔40个月才能种茄子、辣椒、白菜、萝卜、胡萝卜、甘蓝、卷心菜;氯嘧磺隆（豆草隆、豆磺隆），须间隔 36 个月才能种茄子、辣椒、白菜、萝卜、胡萝卜、甘蓝、卷心菜；玉农乐（烟嘧磺隆）每公顷有效成分用量超过 60 克，即 4％玉农乐每 667 平方米超过 100 毫升，须间隔 18 个月才能种茄子、辣椒、白菜、萝卜、胡萝卜、甘蓝、卷心菜；西玛津每公顷有效成分用量超过 2240 克，即 50％西玛津每 667 平方米超过 300 克须间隔 24 个月才能种茄子、辣椒、白菜、萝卜、胡萝卜、甘蓝、卷心菜；莠去津每公顷有效成分用量超过 350 毫升，须间隔 24 个月才能种茄子、辣椒、白菜、萝卜、胡萝卜、甘蓝、卷心菜；绿磺隆每公顷有效成分用量 15 克，须间隔 24 个月才能种茄子、辣椒、白菜、萝卜、甘蓝、卷心菜；二氯喹啉酸每公顷有效成分用量 106～177 克，须间隔 24 个月才能种辣椒、茄子、胡萝卜；赛克（甲草嗪、嗪草酮）每公顷有效成分用量 350～700 克，即 70％塞克，每 667 平方米 33～67 克，须间隔 18 个月才能种胡萝卜。

参考文献

1. 董金皋．农业植物病理学［M］．北京：中国农业出版社，2001

2. 王德懋，李松．农田化学除草技术［M］．长春：吉林科学技术出版社，1991

3. 何传榘．新编农药使用手册［M］．哈尔滨：黑龙江朝鲜民族出版社，1997